模块化建筑建造设计

Design in Modular Construction

[英] 马克·劳森（Mark Lawson）　雷·奥格登（Ray Ogden）　克里斯·古迪尔（Chris Goodier） 著

尹伯悦　译

中国建筑工业出版社

著作权登记图字：01-2024-6056号

图书在版编目（CIP）数据

模块化建筑建造设计 /（英）马克·劳森
（Mark Lawson），（英）雷·奥格登（Ray Ogden），（英）
克里斯·古迪尔（Chris Goodier）著；尹伯悦译.
北京：中国建筑工业出版社，2025.1. --ISBN 978-7
-112-30900-9

Ⅰ. TU3

中国国家版本馆CIP数据核字第2025727W26号

Design in Modular Construction / by Mark Lawson, Ray Ogden, Chris Goodier

ISBN-13 : 978-0-367-86535-1

Copyright © 2014 by Taylor & Francis Group, LLC

CRC Press is an imprint of Taylor & Francis Group, an informa business

Chinese Translation Copyright © 2025 China Architecture & Building Press

本书中文简体翻译版授权由中国建筑工业出版社独家出版，并限在中国大陆地区销售。

未经出版者书面许可，不得以任何方式复制或发行本书的任何部分。

Copies of this book sold without a Taylor & Francis sticker on the cover are unauthorized and illegal.

本书贴有Taylor & Francis公司防伪标签，无标签者不得销售。

责任编辑：张礼庆　戚琳琳
书籍设计：锋尚设计
责任校对：党　蕾

模块化建筑建造设计
Design in Modular Construction

［英］　马克·劳森（Mark Lawson）　　雷·奥格登（Ray Ogden）　　著
　　　　　克里斯·古迪尔（Chris Goodier）

尹伯悦　译

*

中国建筑工业出版社出版、发行（北京海淀三里河路9号）

各地新华书店、建筑书店经销

北京锋尚制版有限公司制版

天津安泰印刷有限公司印刷

*

开本：787毫米×1092毫米　1/16　印张：18　字数：419千字

2025年8月第一版　　2025年8月第一次印刷

定价：**80.00** 元

ISBN 978-7-112-30900-9

（43974）

版权所有　翻印必究

如有内容及印装质量问题，请与本社读者服务中心联系

电话：（010）58337283　　QQ：2885381756

（地址：北京海淀三里河路9号中国建筑工业出版社604室　邮政编码：100037）

本书翻译委员会

参译单位： 国际标准化组织（ISO）建筑和土木工程技术委员会

国际标准化组织（ISO）装配式建筑分委员会

中国城市科学研究会

清华大学

同济大学

新疆大学

昌吉学院

河南工程学院土木工程学院

兴泰建设集团

汉尔姆建筑科技有限公司

上海莫欧实业有限公司

广州大学建筑设计研究院有限公司

北京茅金声振科技有限公司

山东恒基建设项目管理有限公司

国建（广东）装配建筑集团有限公司

上海市巨鲲科技有限公司

中装建标（北京）工程设计研究有限公司

山东绿博创清建筑科技有限公司

北京清大博创科技有限公司

中科华研（重庆）玄武岩纤维新材料研究院有限公司

中科创世纪（重庆）新材料科技有限公司

中国建材工业经济研究会新型工业化和智能化建筑产业分会

北京金玺诚建筑科技有限公司

序

长期以来，将住宅和建筑物进行工业化生产的梦想一直激励着建筑师和工程师。巴克明斯特·富勒（Buckminster Fuller）的Dymaxion房屋就体现出这一点，它与经典的Airstream房车的相似之处显而易见。第二次世界大战后，由于住房短缺，出现了新的建筑形式来应对这一新的挑战。除了在物质丰富的时代建造传统房屋外，设计师们还尝试在工厂制造房屋或用工业部件组装房屋，例如伊姆斯之家（Eames House），这些房屋依赖于一系列新颖的结构和围护技术。许多方法都取得了成功。

然而，从许多方面来看，把模块化建造看作是一种结构或建筑方法是没有意义的。它是一种交付方式，可以为某些建筑设计理念提供支持，但最重要的是，它是一种采购过程。模块化场外施工，无论是基于体量、组件还是任何混合系统，都可以将更大比例的建筑从现场转移到受控环境中。在这些环境中，时间跨度和经济条件不同，建筑质量也可能不同；在场外生产建筑具有许多优势。

模块化建筑与其说是一种风格，不如说是一种建筑思维方式。它对许多传统方法的低效率提出了挑战。当然，它试图将建筑施工带入一个更加复杂的领域。在这个大规模生产成为常态，质量和效率成为关键竞争力的世界里，它显得恰到好处。它是一种值得尊敬的技术，但也是一种建筑业刚刚开始接受的技术，至少不是大范围接受的技术。本书中评述的项目和技术代表了迄今为止实践的顶峰，它们比前一代作品好得多。此外，我们完全有理由相信，在现有基础上发展起来的新一代技术将更加丰富，影响更为深远。毫无疑问，科技时代即将到来。

克里斯托弗·纳什（Christopher Nash）
纳什建筑事务所前执行合伙人
格里姆肖（Grimshaw）建筑师事务所

译者序

第二次世界大战后，由于市场的需求装配式建筑迅猛发展，主要在苏联大板式建筑技术、日本住宅产业化建筑技术、欧美工业化建造技术等均取得了显著进步。我国在新中国成立初期主要学习苏联的大板式建筑技术，并在20世纪70至80年代得到了应用和发展。然而，受当时的技术水平和建筑材料性能以及市场影响的限制，这一发展在20世纪90年代后期基本停滞。与此同时，以英国为代表的模块化建筑得到了迅速发展。模块化建筑技术作为装配式建筑中集成度最高的技术，因工期短、安装方便、工业化率高等优点，20世纪90年代在欧美等发达国家得到了广泛应用。

模块化建筑通过预制模块的工厂化生产和现场快速组装，不仅提高了建筑的施工效率，还显著提升了建筑质量和环保性能。这种建筑方式适应现代社会对高效、节能和可持续发展的需求，也逐渐成为全球建筑行业的重要发展趋势之一。2016年9月27日，我国国务院发布了《关于大力发展装配式建筑的指导意见》，标志着中国装配式建筑进入一个新的快速发展阶段。其中，在装配式建筑的梁板柱混凝土体系得到了广泛应用，钢结构体系也有所发展。模块化建筑凭借其独有的特性，特别是适用于应急医疗建筑、军事建筑以及城市中狭窄建筑场地等，得到了市场的广泛认可和应用，以钢结构模块化建筑为代表的发展尤为迅速。模块化建筑在我国的推广和应用，不仅是对建筑技术的一次

革新，更是对传统建筑模式的一次重要变革。模块化建筑技术能够有效减少施工过程中的噪声和粉尘污染，降低对周围环境的影响。同时，通过标准化设计和工厂化生产，可以实现建筑材料的循环利用和资源的高效配置。这些优势使得模块化建筑在绿色建筑和可持续发展领域具有巨大的潜力。

基于上述模块化建筑的特点及其广泛的应用场景，结合我国及全球建筑市场的需求，本人于2023年7月作为访问学者前往英国爱丁堡大学交流学习，并在图书馆中查阅到了本书，深感将其翻译为中文会对中国模块化建筑产业的发展具有指导意义。回国后，我与团队及企业专家、出版社工作人员共同努力，完成了本书的翻译、校对和出版工作。本书从多个方面对模块化建筑进行了详细介绍，并通过实例展示了其应用，旨在促进我国模块化建筑设计、建造、安装及连接等方面的互相学习和交流。

本书内容涵盖模块化建筑的基本原理、模块类型、规划导论、设计方法、施工技术、模块系统、模块隔声系统、建造难题、工厂生产、实际案例以及模块化建筑的经济性、可持续性等方面的内容，通过对国外先进经验的介绍和分析，详细探讨了模块化建筑在不同应用场景中的具体实施方案。希望本书不仅能够为建筑从业者提供实用的技术指导，也能为建筑师、工程师和政策制定人员提供新的思路和参考。

作为国际标准化组织（ISO）装配式建

筑分委员会主席，我从清华大学博士后流动站出站后，进入住房和城乡建设部（原建设部）住宅产业化促进中心工作，从事相关方向的工作，并对模块化建筑有着浓厚的兴趣和一定的技术研究。在国际标准制定计划中，我将模块化建筑作为优先制定的国际标准体系之一，并计划在英国、俄罗斯、阿联酋等国家开展相关标准的研究、编写及应用。国际标准的制定和推广将有助于提高模块化建筑的全球认可度和竞争力，促进各国在该领域的技术交流与合作。

希望本书能够为中国模块化建筑产业的发展提供有益的参考和帮助，并期待与各界同仁共同推动这一重要技术的进步与普及。

在翻译过程中，为了便于中国读者的理解，有的专业用词是按照我们的习惯用语和规定翻译的，所以如果与原文理解不透和不准确的地方，请读者给予指正。我们团队大部分是建筑相关专业的英语母语国家留学生，他们为此书的翻译工作付出了辛劳，同时也向支持的专家和设计研究人员表示感谢！

尹伯悦

2024年4月

前言

模块化建筑提供了一种新的建筑方式，它以工厂制造的单元为基础，在现场安装和连接，形成功能完备的建筑。模块制造是一项专业性很强的工作，通常是为特定供应商量身定做的，但建筑师和设计团队的其他成员应该知晓如何满足使用承重模块建造的建筑物在结构和建筑物理方面的要求。

本书正是从这一知识的空白处出发，旨在提供足够的信息，帮助读者了解并在建筑施工中使用不同形式的模数系统。在研究过程中，我们对一系列住宅、教育和医疗领域的建筑进行了案例研究。这需要与英国和欧洲其他地方的模块供应商保持密切联系，他们提供了许多背景信息。

模块的新应用领域是高层住宅和医疗健康建筑，包括既有建筑的扩建。这些应用凸显了快速、高质量施工和规模化生产的主要优势。如果客户能够为这些优势赋予商业价值，那么模块化建筑就更有可能成为首选。

本书汇集了有关钢结构、混凝土结构和木结构模块的信息，介绍了它们的特点和主要设计内容。借鉴了英国钢结构协会、混凝土中心和非现场建造协会的现有资料，并参考了现代设计标准和这些材料的欧洲规范。书中介绍的概念和系统并非详尽无遗，但希望本书能成为使用模块化建筑的设计师的重要参考资料，并鼓励创造性地使用这种新的建筑技术。本书还可用于本科生和研究生教育，以及持续的专业发展。

马克·劳森（Mark Lawson）
雷·奥格登（Ray Ogden）
克里斯·古迪尔（Chris Goodier）

执行摘要

模块化建造的技术和应用发展迅速。利用模块或者3D建筑元素进行设计，需要了解模块化生产、安装以及与其他建筑元素相结合的知识。此外，还需要了解影响设计决策的经济性和与客户相关的利益，这些内容都将在本书中介绍。

本书回顾了模块化建造的一般类型并展示了应用实例。书中介绍了钢结构、混凝土结构和木结构模块化建筑实例，包括它们对建筑设计和施工的影响。从抗垂直荷载、稳定性和坚固性的角度介绍了模块组的结构作用。

参数和空间规划是模块化建筑取得成功的关键，为了最大限度地提高建筑的使用率和灵活性，模块单元可以与平面构件或结构框架相结合，形成混合结构。此外，还介绍了模块化和混合建筑项目的建筑形式。

围护、服务和建筑物理问题也给出了如何解决应对的内容。热性能、隔声性能和消防安全应符合现代建筑法规，并介绍了在这些方面具有良好性能的设计细节，还涉及交通、容差和安装等方面内容。

本书还介绍了超过40个使用模块化建造的建筑案例，为模块化建筑的设计提供了背景信息以及可持续性评估，以帮助我们了解模块化系统的更广泛的优势。

目录

第1章

模块化结构介绍

在过去的15年里，模块化建筑已经在建筑行业许多领域得到了广泛应用。过去，模块化建筑主要用在可移动建筑或临时建筑中，但现在这种使用体积单元的预制建筑技术已被广泛用于各种建筑类型中，从学校、医院、办公室、超市到高层住宅建筑。这种需求是由施工过程的场外作业特性推动的，而这一特性会带来可量化的经济效益以及可持续发展效益。

1998年，英国政府工作报告《建筑业再思考》（*Re-thinking Construction*）（Egan）呼吁客户和供应链改变思维，建立伙伴关系，减少竞争，从而鼓励对生产设施进行长期投资，并开发新的建设方式，这使人们对使用预制建筑技术充满兴趣。

现代施工方法（MMC）这个名词是根据《建筑业再思考》所设定的目标进行改进定义的，其特点是更多地使用非现场制造（OSM）。因此，许多客户认为，从施工速度、提高质量和可靠性的角度来看，OSM的长期发展是其战略业务活动的关键。模块化建筑可能是最成熟的非现场制造技术，其建筑工程的大部分工作内容（高达70%）都是在场外制造环境中实现的。

模块化建筑是采用三维或箱式模块预制的，并且基本上在工厂完成，然后在现场组装成完整的建筑或组装建筑的主要部分。位于伦敦北部哈克尼（Hackney）的Murray Grove，建于1999年，是第一座赢得建筑界赞誉的大型模块化建筑。如图1.1所示，该建筑共5层，由80个模块组成，平面呈L形，外部设有通道和庭院阳台。这座建筑以一种有趣的建筑方式使用了标准尺寸的模块，满足了居民和社会住房提供商Peabody Trust公司的需求。

这种使用预制模块的新建造方式带来了许多构造上和可持续发展方面的优势。然而，对制造过程和在特定地点固定设施进行投资，需要达到一定规模的经济，才能累积产生经济效益。因此，模块化施工要求设计和施工团队的所有成员都要遵守以最大限度地重复使用制造的组件，并优化综合设计、供应、交付、安装和调试过程的准则，即重复率准则。

本书探讨了使用模块化单元的一系列不同建筑类型的设计、制造和施工，并确定了场外制造过程的关键特征。这有助于潜在用户了解如何使用这种相对较新的技术来设计建筑。

1.1 定义

场外施工的定义由"Buildoffsite"（Gibb和Pendlebury，2006年b）详细介绍，该机构为建筑业中这一相对较新的领域编制了术语表。与本书相关的主要定义如下：

- 箱式结构——三维或体积单元，通常在工厂内安装，并作为建筑的主要结

图1.1　伦敦北部的默里格罗夫（Murray Grove）安装模块单元和竣工建筑
（Yorkon公司和建筑师Cartwright Pickard提供）

构交付到现场工地；

- 板式结构——二维板材，主要用于墙壁，可在运抵工地前预先完成保温层和板的安装；
- 混合结构——混合使用线性杆件、板材和模块，形成混合结构系统；
- 外装围护——预制外墙构件，连接到建筑上形成完整的建筑外墙；
- 吊舱——非结构模块化单元，如厕所和浴室等，直接支撑在建筑物楼层上。

模块化建筑一般用于建造单元式建筑，由相似空间大小的单元组成，便于运输。可制造部分或完全开放的模块，其中两个或更多模块可形成更大空间。模块化单元还可用于制造建筑中价值较高的部分，例如：

- 浴室；
- 电梯和楼梯单元；
- 设备间；
- 预制屋顶，通常包括检修通道。

为了帮助理解各种形式的OSM，表1.1列出了建筑过程的5个等级［基于Gibb（1999年）的图示，并由Buildoffsite（2006年b）转载该图示］。OSM 0级代表完全基于现场的施工，如钢筋混凝土或砖石结构。OSM 1级引入了一些预制构件，如屋顶桁架或预制混凝土楼板。目前的大多数建筑过程都是0级和1级部分的组合。

OSM 2级包括预制的单一构件或平面构件，如木结构和轻钢框架系统。钢结构框架与其他构件相连，也被视为2级。OSM 3级由大量预制构件组成，如模块单元，可与平面构件相结合。OSM 4级适用于完整的建筑系统，这些建筑系统是以模块和其他形式的预制构件为基础，采购自同一个供应商。

另一个相关的定义是"开放式建筑系统"，这是一系列建筑技术的名称，这些技术允许组件互换，从而创造出更加灵活的建筑形式。国际建筑研究与创新理事会（CIB）W104工作组目前正在国际层面探索开发和实施使用预制构件的开放式建筑系统，如开放式模块。

场外施工中各级建筑技术说明 表1.1

级别	组件	技术说明
0	材料	现场密集型建筑的基本材料，如混凝土、砖砌体等
1	构件	用作现场密集型建筑工序一部分的制造部件
2	构件或平面系统	结构框架和墙板组合形式的线性或二维构件
3	箱式模块	三维组件的模块形式，用于创建建筑的主要部分，这可以与构件系统相结合
4	整体房屋	完整的建筑系统，由模块化组件组成，在运送到工地之前基本上已经全部完工

资料来源：Adapted from Gibb., A.G.F., *Off-site Fabrication—Pre-Assembly, Pre-Fabrication, and Modularisation,* Whittles Publishing Services, Dunbeath, Scotland, 1999.

表1.2举例说明了各种形式的结构和设备构件，这些构件可根据其非现场制造水平来定义。在OSM 1级和2级中，预制构件的比例通常占总建造成本的10%～25%，而在3级中，这一比例增加到30%～50%，在4级中超过70%。与0级相比，OSM的使用比例会使总体施工时间按比例减少。对于可能在恶劣天气或困难的现场工作条件下施工的项目，使用更高级别的OSM可以进一步节省现场施工时间。

OSM水平实例			表1.2
场外制造级别（表1.1）			
参数	1. 制造组件	2. 构件或平面系统	3. 模块和混合结构系统	4. 整体房屋
---	---	---	---	---
建筑技术实例	木质屋顶桁架 预制混凝土板 复合外立面板	钢结构框架 木结构框架 轻钢框架 结构隔热板	预制设备间 模块化电梯和楼梯 放置在平台层的模块 整体卫浴	全模块化建筑
非现场制造比例 （按价值计算）	10%～15%	15%～25%	30%～50%	60%～70%
相对于0级缩短的 施工时间	10%～15%	20%～30%	30%～40%	50%～60%

注：OSM等级是基于拉夫堡大学的研究成果（Gibb，1999年；Gibb和Isack，2003年）。0级代表现场密集型建筑，使用传统材料，除门窗等几乎不在现场制造。

从根本上说，在模块化和其他非现场施工方法中，更高效、更快速的工厂模块化建筑已经取代了缓慢且效率低的现场施工。然而，工厂生产的基础设施需要在固定生产设施上投入更多资金，而且还需要重复利用，以实现规模经济。此外，与更传统的建筑方法相比，设计和制造预制构件的准备时间也会延长。

1.2 模块化建筑的应用

在模块化建筑中，建筑物的主要工程量都是在工厂完成，而不是在工地上建造。模块化建筑的优势可能主要集中在某些特定的市场领域，这些领域要么对施工速度和制造成本效益有需求，要么将减少建筑施工过程中的干扰视为一项重要的商业或规划要求。

模块化建筑的主要应用可归纳如下：

• 学生宿舍，尤其中、高层建筑（图1.2）；
• 城市地区的中层住宅楼（图1.3）；
• 商住两用建筑（图1.4）；
• 私人和公共住房（图1.5）；
• 4～12层的酒店建筑（图1.6）；

图1.2   在普利茅斯使用模块化结构的学生宿舍（Unite Modular Solutions公司提供）

- 军用营房，一般3~4层（图1.7）；
- 医疗建筑，一般不超过3层（图1.8）；
- 教育建筑，一般不超过3层（图1.9）；
- 酒店和办公室等场所的整体卫浴（图1.10）；

- 安保住所和监狱；
- 机房和其他服务设施，一般用于商业建筑和医院；
- 现有建筑的屋顶扩建；
- 现有建筑新建露台和电梯。

图1.3 曼彻斯特的多层住宅建筑，一层设有零售店（Yorkon公司提供）

图1.4 伦敦东部商业路的裙楼结构上建造的住宅楼（Rollalong公司提供）

图1.5　伦敦西部Twickenham的城镇住宅，以模块化形式建造（Futureform公司提供）

图1.6　伦敦北部Wembley市的酒店和高层住宅开发项目（Donban Construction UK Ltd.提供）

图1.7　完全模块化形式的伦敦西部的军用营房（Caledonian Modular公司提供）

图1.8　Colchester采用模块化结构建造（Yorkon公司提供）

图1.9　哈里斯学院，采用模块化建筑（Elliott Group Ltd.提供）

图1.10　在混凝土框架建筑中的浴室安装（Elements Europe公司提供）

表1.3说明了OSM常用的建筑类型。使用全模块化建筑的类型主要是非现场制造能带来实际经济效益的行业。其他使用模块化的各类建筑是需要高度服务集成、专业设备和场外调试的建筑，如医院。

与使用OSM最相关的建筑				表1.3
	OSM 水平			
	单一构件或平面构件			
OSM 最相关的建筑类型	结构框架	2D 嵌板	混合结构系统	全模块化系统
住宅		✓✓		✓
多层公寓	✓✓	✓✓	✓	✓✓
学生宿舍	✓	✓✓	✓	✓✓✓
军用营房				✓✓✓
酒店	✓	✓	✓✓	✓✓✓
办公楼	✓✓✓		✓	
商业建筑	✓✓✓		✓	✓
医疗建筑	✓✓✓	✓	✓	
教育建筑	✓✓✓		✓	✓✓
混合用途，如零售/住宅	✓✓	✓	✓✓✓	
工业建筑，如单层建筑	✓✓		✓	
体育场馆建筑	✓✓✓	✓	✓	✓
监狱和安保宿舍	✓		✓	✓✓✓

注：✓✓✓广泛使用；✓✓经常使用；✓有时使用。

在城市地区，为满足单人或双人住房以及关键岗位员工住房的需求，提高建筑密度的社会压力也越来越大。模块化建筑在中高层社会住房项目中的使用越来越多，特别是在市中心贫民区，由于施工过程和现场物流的限制，通常会更多地使用OSM。在多用途建筑中，模块化住宅单元可由钢结构或混凝土结构的平台支撑，住宅下的街道空间可用作办公、商业或停车场。

1.3　模块化建筑的优势

模块化建筑的驱动力可由成本、时间和质量等众所周知的决策参数来体现，这些参数可以用经济术语来量化。在现代建筑项目中，规划和法律要求从经济、环境和社会影响方面证明可持续性，这进一步扩大了决策参数的范围。

模块化建筑在成本、质量和时间方面的主要优势可归纳如下：

- 缩短建造时间，从而降低现场管理成本，尽快获得投资回报；
- 通过工厂化的建造流程和交付前检查以达到优秀的质量；
- 生产规模经济，特别是在大型项目或重复使用相同模块规格的项目中；
- 由于采用双层结构，每个模块都与相邻模块有间隔空隙，因此具有较好的隔声、隔热和防火性能；

- 降低客户的设计成本（即大部分详细设计工作由模块供应商完成）；
- 与现场密集型建筑相比，重量轻、材料用量少、浪费少，而且在工厂生产过程中有更多的机会进行回收利用；
- 提高工厂生产效率，减少对现场劳动力的需求。模块的安装由专业队伍负责；
- 工厂和现场活动更安全；
- 施工期间对周边环境的干扰更少，这一点很重要，因为邻近建筑的功能必须不受干扰；
- 能够拆除建筑并使模块在其他地方重新使用时保留其价值。

第18章将更详细地介绍模块化建筑的

经济效益。Gibb和Isack（2003年）在题为《通过预组装进行再设计》（*Re-engineering through Pre-assembly*）的论文中提出，根据对客户的调查，他们认为非现场制造的好处依次是施工速度快、质量高、成本低、浪费少和可靠性强。

图1.11列出了采用模块化和现场施工的6层建筑的相对施工周期。与完全在现场施工相比，采用模块化施工通常可以缩短50%的施工工期，具体取决于建筑物的形式和复杂程度。对于将模块放置在裙房层、现场工程量大的建筑，施工时间可节省约30%。

模块化建筑具有良好的隔声效果，这也是在住宅建筑中使用模块化建筑的另一个原因。图1.12展示了两个模块并排和上下的典型接合方式，其中显示了模块的基本组件。

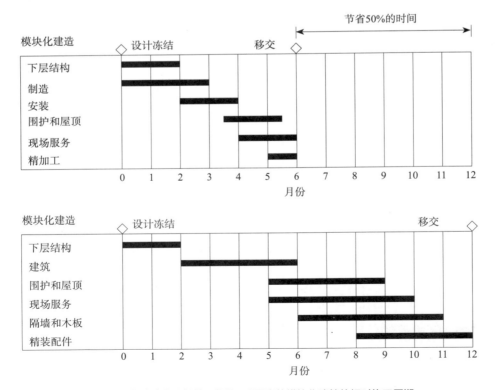

图1.11　与完全在现场施工相比，6层高的模块化建筑的相对施工周期

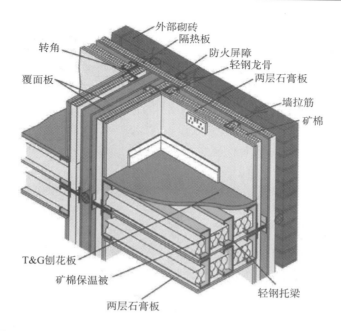

图1.12　相邻模块之间的典型连接，并提供隔声效果（The Steel Construction Institute提供）

1.4　英国模块化建筑的历史

尽管模块化构件多年来一直被用于可移动建筑和办公楼的浴室单元中，但采用承重模块的设计直到20世纪90年代初才出现。图1.13为模块化建筑师John Prewer在卡迪夫大学设计的学生宿舍，这是早期的实例之一。1999年竣工的Murray Grove项目屡获殊荣，它是第一个获得公众关注的模块化建筑，建筑师Cartwright Pickard在现有Yorkon模块化系统的基础上进行了创新设计。

图1.13　卡迪夫大学的学生宿舍使用模块化单元（John Prewer提供）

位于伦敦富勒姆市的Lillie路项目竣工于2003年，该项目采用轻钢框架、模块化浴室，并在一层设置了主钢框架，更为有效地利用了住宅楼的空间（图1.14）。

位于曼彻斯特的皇家北方音乐学院的学生宿舍于2003年竣工，由900个模块组成，采用6～9层的庭院式布局（见案例研究），设计时考虑到可以将其拆除并重新用于校园的其他地方。在曼彻斯特为客户OPAL进行的商住混合开发项目由1400个模块组成，这些模块支撑在一个2层高的钢混裙楼之上（图1.15）。为了及时交付模块，该项目需要在距离项目现场仅5英里的地方建立一个临时生产设施。

图1.14　位于富勒姆市Lillie路的混合板材和模块项目竣工（Feilden Clegg Bradley Studios提供）

图1.15　位于曼彻斯特Wilmslow路的商住混合开发项目，在钢混裙楼结构上使用了1400个模块
（Rollalong公司和Ayrshire Steel Framing公司提供）

Unite Modular Solutions公司（后更名为Design Buro公司）在英格兰西部建立了工厂，为学生公寓和关键岗位员工的部门生产模块，并采用全模块化结构，完成了50多个高达12层的大型项目。在高峰时期，该工厂每天最多可生产20个书房卧室模块。

1.5 全球模块化建筑

诺曼·福斯特爵士（Sir Norman Foster）于20世纪80年代初在中国香港建造的香港上海银行（Hong Kong Shanghai Bank），是最早的大型卫生间模块与主体结构一起安装的实例之一。这也促使在20世纪90年代初伦敦写字楼蓬勃发展的时期，模块化单元被更广泛地应用于大型商业建筑中。模块化住宅在东亚地区得到了广泛应用，尤其是在中国和韩国。

1.5.1 日本和韩国的模块化建筑

自20世纪70年代初以来，模块化住宅在日本得到广泛应用。在21世纪初产量达到顶峰，每年售出超过17万套住宅，主要面向私人买家。模块化住宅的主要供应商是积水化学公司（Sekisui Chemicals）旗下的积水海慕会社（Sekisui Heim）、三泽（Misawa）、大和（Daiwa）和丰田住宅（Toyota Homes）。积水海慕会社在各地有6家工厂生产模块化房屋。工厂高度自动化，并且使用一系列标准化组件。

在日本，模块化住宅的营销基于用户对模块布局和装修方面拥有高度的选择权，以及快速的设计、制造和安装周转流程。一栋房屋仅需6天就能安装并装修竣工，因此在日本地价很高的地区极具吸引力。模块化建筑在日本主要用于2层或3层的住宅。这种模块化住宅的一个例子如图1.16所示。

在日本的模块化建筑系统中，模块相对较小，宽度为2.4m，长度为3.6～5.4m，通常采用开放式建造。一个2层高的大型家庭住宅最多可由12个模块组成。模块通常使用由100mm钢箱型材和200mm厚边梁组成的焊接框架。模块设计具有较强的抗震性，而抗震性在日本是一项重要要求。围护通常采用预装围护或围护的复合板形式，其中轻钢型材嵌入板中。

图1.16 日本现代组合式住宅实例（积水海慕会社提供）

图1.17　韩国首尔一所学校使用的带有整体走廊的开放式模块（浦项钢铁公司提供）

在过去的5年里，人们一直在努力推广零水电费住房，在这一倡议下已售出约50000套住房。三泽公司和丰田公司宣布合资建造零排放模块化住宅，其中包括内置太阳能热板和光伏板。最近，三泽公司又开始生产用于出租的模块化社会住房。

在韩国，浦项钢铁公司（POSCO）为学校开发了一种模块化系统，该系统由一个长12m、宽3m、带有整体走廊的开放式模块组成。如图1.17所示的首尔一所小学实例中，模块由预制地梁支撑，仅用4天就完成了安装。同样的系统也用于军营。

1.5.2　北美的模块化建筑

在北美，模块化住房建立在可移动建筑业基础之上，该行业在地区层面发展良好。用于建造住房的模块可以很大（宽3.9~4.6m，长12~15m），并且内部设施齐全，外有覆面，交付时还带有斜屋顶，这样两个模块就组成了一个大型单层房屋。在2005年的产量高峰期时，美国共建造了4万多栋模块化房屋，主要集中在东北部各州，占当时住房市场的2.5%。模块化框架系统一般以木材为基础，但在一些木材易受白蚁侵蚀的地区也会使用轻钢框架。

Mullen（2011年）在《模块化住宅建筑的工厂设计》一书中介绍了美国生产的木结构模块类型，主要用于单户住宅。在购买的房屋中，约44%采用标准房屋设计，很少或根本没有定制，59%的房屋由两个模块组成，31%的房屋由三个或四个模块组成。一个模块的通常建筑面积为40~60m²，这比欧洲的模块面积要大，主要是因为在美国城市较多的地区运输限制相对较少。

麦格劳-希尔建筑公司（McGraw-Hill Construction）（2011年）对建筑中的预制和模块化进行调查，调查对象包括建筑师、客户、承包商和工程师。报告中指出，美国最大的应用领域是医疗建筑、大学建筑和宿舍，以及制造业建筑。

最近，模块化建筑研究所积极在美国推广模块化建筑，并且模块化技术在公寓楼、学校和办公楼中应用取得了显著成功。首批在多层建筑中使用模块化建筑的项目之一是旧金山的一个4层公寓项目，该项目由23套单模块公寓组成，在3个月内完工，并获得了LEED白金奖。

位于纽约市大西洋广场（Atlantic Yards）的一栋面积为30000m^{2}的32层住宅楼，该建筑采用了支撑式的钢结构框架，用以支撑每层楼的模块化单元。钢架与模块同时安装，该建筑将成为世界最高的模块化建筑，共有930个模块用来建造350套公寓。

1.5.3　欧洲的模块化建筑

模块化建筑的主要市场是英国和斯堪的纳维亚半岛的住宅建筑领域，以及德国和英国的医疗行业领域。模块化建筑的供应商众多，有些还活跃在便携式房屋领域。大多数模块制造商使用钢框架系统，但也有一些使用预制混凝土和木材。

据统计，在2007年高峰期，英国生产了8000个钢结构模块和多达500个混凝土模块，用途广泛。20世纪90年代，第一批活跃在模块生产领域的公司是Yorkon和Terrapin，其主要集中在教育建筑领域。此后Yorkon公司将其模块系统扩展到医疗和零售建筑领域。

在过去的10年中，英国在学生公寓楼领域发展强劲，尤其是在市中心地区，同时在酒店和军用营房等领域也有显著发展。模块化建筑的应用已扩展到12~25层的高层建筑，在这些建筑中，模块集中在混凝土核心筒周围，以确保建筑的稳定性。图1.18展示了最近一栋以混凝土为核心的16层住宅楼。

图1.18　伦敦北部的高层模块化建筑（Futureform公司提供）

英国政府的SLAM和Aspire军用营房计划与多家模块公司签订了合作协议。住房协会也广泛采用场外制造的方式来提高施工质量和速度。

在模块化预制混凝土行业，主要应用于酒店、军用营房和监狱等安全建筑。本书第3章将介绍这些应用。

在北欧国家，由于适宜建筑施工的季节性窗口期短暂，因此使用各种类型预制建筑的积极性很高。在芬兰，模块化建筑历来被用作造船业模块化舱室的次级产出。Ruukki钢铁公司开发了预制围护和封闭式阳台系统，以及模块化浴室，广泛应用于新建建筑

和改造工程。

位于芬兰坦佩雷附近的NEAPO公司，开发了一种名为Fixcel的双层钢板系统，无须支撑便可以制造出宽5m、长16m的大型模块。该系统已用于大型住宅项目和现有建筑的屋顶扩建。图1.19是一个2层全模块化保障房项目的实例。

在瑞典，Open House AB公司技术被用于瑞典南部的一些大型住宅项目中（见案例研究）。该技术以3.9m长的方矩管钢柱网为基础，模块可在网格上进行布置和重新定位（见第2章）。图1.20所示为采用该系统的已竣工住宅。宜家（IKEA）开发了博克洛克

图1.19　芬兰万达市的庇护所，采用模块化建筑（NEAPO公司提供）

图1.20　瑞典南部的开放式房屋模块系统（Open House AB公司提供）

（BokLok）住宅体系，这是一种使用木框架的装配式住宅系统。

在荷兰，Spacebox被用于建造代尔夫特的一座3层学生宿舍，如图1.21所示。Flexline也是为响应荷兰政府在21世纪初提出的"工业化、灵活性、可拆卸（IFD）"倡议而开发的模块化住宅系统。

在德国，模块化住宅由Alho和Haller等公司提供，但自21世纪初以来已有所减少。Alho系统使用木质框架，以世代住宅的概念为基础，业主可以随着家庭人口的增加而扩建房屋。微型紧凑型住宅（m-ch）是专为单人居住而设计的概念。

在德国，模块化建筑多用于是医疗建筑领域，Cadolto公司和Draeger Medical公司为各类医疗建筑提供高配套服务的模块。模块的尺寸可能很大，但受限于运输条件，通常宽4m、长12m。模块采用焊接钢框架制造，因此可为诸如手术室等专用房间制造开放式模块（见第6章）。

在西班牙北部，Modultec是一家大型模块化建筑公司，主要从事教育建筑和住宅项目。

1.6 背景研究

在大多数发达国家，建筑环境占国家能源消耗总量的40%以上，欧盟委员会通过其《"建筑能效"指令》（*Energy Performance of Buildings*），要求新建建筑大幅降低运营能耗，以减少二氧化碳排放。住房领域已被列为可以实现二氧化碳减排的主要领域之一。在英国，这一领域的能耗占英国总能耗的27%。改善新建筑能效的主要途径是通过国家建筑法规，以实施旨在通过建筑结构减少能源损失的实践变革。

目前，英国的《可持续住宅规范》（英国社区和地方政府部，2010年）已成为住房和住宅领域的强制性规范，英国建筑性能评估方法（BREEAM）也被广泛应用于其他领域。再加上对各类建筑的节能和可再生能源供应的要求，场外制造为实现这些可持续发展目标提供了更可靠的途径。此外，英国政府的《规划政策指南3》（PPG3）（ODPM，2005年）提倡在城市地区进行混合用途开发，并对前工业用地（棕地）进行再利用。

图1.21 荷兰代尔夫特早期的模块化学生宿舍

这就要求采用建造速度快、重量轻、场地占用少的建筑技术。PPG3于2011年被《规划政策声明3：住房》（PPS3）取代。

Pearce（2004年）在其报告《建筑的社会和经济价值》（*Social and Economic Value of Construction*）中指出，建筑业在适应快速变化的需求和技术变革方面存在问题。尽管英国建筑业有150多万参与者，但其行业情况非常多样化，在许多领域，例如非现场施工领域，缺乏足够的规模效应。该报告发布后，活跃在非现场制造领域的公司数量有所增加。Pearce还指出，建筑业每人每年消耗约7t建筑材料，高达20%的材料在建筑过程的各个阶段被浪费，应通过更好的设计和材料的有效利用来减少浪费。

Pearce（2004）确定了建筑业应对新挑战的各种要求，其中包括：

- 建筑组件标准化；
- 更轻质和更坚固的材料；
- 更广泛地使用信息技术；
- 更广泛地使用OSM；
- 改进健康和福祉设计；
- 长期灵活使用；
- 集成化的供应链。

模块化建筑技术的推广应用在一定程度上满足了这些要求。英国政府的一份简报《现代房屋建筑方法》（*Modern Methods of House Building*）（POST，2003年）指出，建筑业需要逐步提升能力，以满足截至2016年新建300万套房屋的需求。主要受全球经济因素的影响，英国的住宅建设从2007年的约180000套下降到2012年的略高于100000套，这增加了社会和经济适用房的压力。公寓（一般2人或3人居住）约占英国当前房屋建筑的35%。由公共住房协会提供资金的住房比例约为20%，而正是这一部门最容易接受非现场制造。

此外，随着土地价格的上涨，在英国许多地区，现代房屋的实际建造成本仅占销售价格的30%左右。对于2层或3层的私人住宅而言，建造成本的中位数为700~800英镑/m²。而对于中层公寓而言，建造成本的中位数约为1200英镑/m²，具体取决于地理位置。

在过去的10年里，尽管自2007年以来建筑市场疲软，但OSM在各类材料方面的供应，尤其是木材框架和轻钢框架，以及钢和混凝土模块化建筑的供应方，仍有所增长。向建筑行业提供OSM技术的公司面临着越来越大的压力，必须降低成本，才能与更传统的建筑形式竞争。

英国帝国理工学院的戴维·甘恩（David Gann）团队撰写了许多有影响力的报告，包括比较日本工业化住宅与汽车工业的报告（Gann，1996年）、有关灵活性与用户选择权的报告（Gann等，1999年）、关于赴日本（Barlow，2001年；Barlow和Osaki，2005年）、荷兰和德国的海外考察报告，以及英国非现场制造供应方的综述报告（Venables，2003年）。

过去15年中，阿利斯泰尔·吉布（Alistair Gibb）及其团队在拉夫堡大学对场外制造（包括模块化建筑）进行了大量研究。他写了一本关于预组装、预制和模块化的书，被广泛引用（Gibb，1999年）。

Buildoffsite成立于2005年，是一个旨在推广非现场技术和应用的行业组织。Buildoffsite编制了非现场术语词汇表（Gibb和Pendlebury，2006年a）、市场价值报告（Goodier和Gibb，2005年b）和一套非现场配套案例研究（Gibb和Pendlebury，2006年b）。

开发了一系列互动工具包，通过提供整体概念和细节方面的指导，使客户、设计师和承包商能够从非现场和模块化建筑中获益。由建筑业研究与信息协会（CIRIA）提供的标准化与预组装（S&P）项目工具包（Gibb和Pendlebury，2003年）是首个此类工具包，随后又推出了IMMPREST，一个用于衡量整个建筑供应链的预组装和标准化效益的互动模型。IMMPREST-LA是一个用于非现场和建筑标准化的设计支持工具。它是一个用于非现场施工的成本和价值比较工具，以交互式电子表格的形式包含了一个考虑因素清单。

Goodier和Gibb调查了非现场产品和系统的制造与安装，以及由此产生的技能影响。这项工作是为英国建筑工业培训委员会（CITB Construction Skills）（Goodier等人，2006年）和英国预制构件协会（British Precast）（Goodier，2008年）开展的，强调了该行业需要更广泛的正规培训和资格认证。

据估计，2004年英国非现场制造行业的规模为22亿英镑，2007年达到顶峰时可能已超过40亿英镑。此外，还对不同场外部门的扩张潜力进行了调查研究（Goodier和Gibb，2005年，2007年）。"适应性未来"（Adaptable Future）是拉夫堡大学最近的一个联合项目，主要研究建筑的适应性和非现场施工的使用。正在进行的工作包括研究主承包商的非现场战略研究（Vernikos等人，2013年）、在非现场施工中使用建筑信息管理研究（Vernikos等人，2014年）以及模块之间的接口研究（McCarney和Gibb，2012年）。

曼彻斯特大学的Winch（2003年）介绍了如何将精细化生产流程应用于建筑行业以及非现场制造的作用。David Birkbeck和Andrew Scoones（2005年）在他们的绝妙的《预制房屋》（*Prefabulous Homes*）一书中，对12个应用于不同规模房屋建筑的场外制造技术案例进行了详尽回顾。

Goodier和Pan（2010年）为英国皇家特许测量师学会撰写的一份关于英国房屋建筑未来的报告，也强调了场外制造在满足住房部门需求方面的潜力，而这些需求正日益受到可持续发展要求和减少运营能耗的影响。场外房屋采购的新商业模式问题被强调得尤为重要（Pan和Goodier，2012年）。

英国建筑业委员会（CIC）发布了一份《非现场房屋审查报告》（*Offsite Housing Review*）（2013年）。该报告强调，与更传统的现场施工相比，非现场制造能够实现更高的质量水平和更可靠的能效。报告还强调，由于场外制造的增加，工厂的熟练工就业岗位也随之增加。

该报告强调了通过地方政府或住房协会增加社会租赁住房供应的必要性，并指出到2020年需要达到45000～75000套住房，以跟上人口增长的步伐。由于标准化和快速交付的机会，这可能是场外制造优势最为明显的领域，特别是在城市。越来越多地使用模块化建筑的一个驱动因素是单人家庭的增多，预计到2020年，这一比例将上升到家庭总数的40%左右。

麦格劳-希尔建筑公司（2011年）对建筑预制和模块化的调查中显示，在美国，24%的客户认为使用模块化建筑后，项目预算最多可减少5%；19%的客户认为可减少5%～10%；17%的客户认为可减少10%～20%。重要的是，82%的受访者认为提高生产率是关键驱动因素。

在国际上，国际建筑与施工研究与创新委员会（CIB）成立了两个工作组，分别负责开放式建筑系统（W104）和建筑工业化（W119），其目的是在全球范围内研究和传播这些技术的相关信息。名为《建筑工业化的新视角》（*New Perspectives in Industrialisation in Construction*）的报告（CIB，2010年）介绍了目前在各类材料预制方面的最新经验。

1.7　模块化建筑的功能要求

功能性可考虑两个方面：性能和法规要求，以及取决于建筑物用途和建筑形式的要求。表1.4总结了模块化建筑的功能考虑因素。

	模块化建筑的功能要求	表1.4
功能考虑	**对模块化建筑的评论**	
平面形式	取决于模块的尺寸、稳定性策略以及建筑物消防疏散等问题。高层建筑通常需要额外的支撑核心筒	
交通空间	进入模块的通道需要设计走廊或外部走道，以及支撑的楼梯和电梯核心筒	
围护	围护可采用地面支撑砖砌体（最高3层）或轻质围护的形式。在这两种情况下，围护通常在现场与模块连接。模块设计为防水隔热单元	
屋顶	屋顶可采用模块或传统的屋顶桁架。通常不建议在模块化建筑中使用平屋顶，除非在模块设计中考虑到排水问题	
隔热	模块内一般都有较高的隔热性能，外墙外侧还可增加隔热层	
隔声	双层墙壁、组合式地板和顶棚可提供良好的隔声效果	
防火安全	通过采取隔声措施，一般可达到90min的耐火等级。附加板可实现120min的防火性能。模块之间的火灾蔓延可通过使用防火挡板来防止	
服务分配	模块通常被制造成配备完善的单元，设施连接在模块外部。走廊为设施的分布提供了实用的区域	

结构、保温隔热、隔声和防火要求是模块设计和制造的一部分，因此由模块供应商负责。然而，如何将模块有效地集成到完整的建筑中，则更多的是由建筑师带领的客户设计团队的职责。这就需要解决使用模块的结构的整体稳定性和坚固性、服务的分配、围护的连接、通道和交通空间、消防安全等问题。

模块化建筑的架构与类似三维组件的使用直接相关，这些组件可以在尺寸和布局上有一些变化，但在其他方面受到制造和运输要求的限制。因此，建筑设计需要在这些建筑的规划概念阶段就与潜在的模块供应商进行早期对话。在选择了特定的模块系统后，应与模块供应商密切合作，制定详细的设计方案。

第2章对模块化建筑可行的平面形式进行了探讨。服务设施策略也与建筑的特定平面形式有关，尽管模块在交付时内部服务设施齐全，但也必须仔细考虑服务设施在建筑中的水平和垂直走向。在这方面，走廊通常为水平方向的服务设施分布和维修通道提供了空间。第15章将对此进行讨论。

1.8　材料介绍

1.8.1　钢

传统形式的钢结构建筑由骨架、梁和柱组成，在多层商业建筑领域有着良好使用记录。这种形式的钢结构使用热轧的I型和H型钢，其端部连接在一起，使用螺栓在现场组装，有时也使用焊接。

如图1.22所示，钢结构模块使用另一种形式的钢材，即冷轧C型钢的镀锌钢带，然后将C型钢预制成墙壁、地板和顶棚。用于墙壁的C型钢厚度为70～100mm，钢材厚度为1.2～2.4mm，具体取决于其承重。这些型

图1.22 轻钢墙板的制造（BW Industries公司提供）

钢的间距为300~600mm，以适应石膏板的尺寸。地板使用150或200mm厚的型钢，厚度一般为1.5mm，具体取决于其跨度。钢结构协会（SCI出版物）第272页（Lawson等人，1999年）、第302页（Gorgolewski等人，2001年）和第348页（Lawson，2007年）介绍了模块化建筑中的钢结构使用技术。

镀锌钢带的供应符合《BS EN 10346》标准（英国标准协会，2009年），镀锌层的锌总厚度相当于275g/m²。锌在与水和空气接触时会发生牺牲性氧化，因此即使钢材被划伤也能得到保护。现场检测（SCI P26提供）表明，建筑围护结构中轻钢部件的设计寿命超过100年（Lawson等，2009年）。

角柱可采用热轧角钢或方矩管（SHSs），具体取决于特定的模块系统。开放式模块可以使用横跨角柱之间的钢边梁（通常深300~400mm）来制造。钢结构模块设计详见第2章和第12章。

1.8.2 混凝土

预制混凝土是一种成熟且高效的制造

业，产品范围从空心楼板到结构框架中的梁和柱。混凝土模块的制造有两种方式，一种是预制二维墙壁、地板和顶棚，另一种是三维模块单元，通常采用开放式底座浇筑。混凝土模块具有极强的抗破坏性，因此通常用于高度安全的应用场所。

模块的加固墙壁通常厚125mm，加固顶棚通常厚75mm。当模块采用开放式底座时，一个模块的顶棚就构成了上面一个模块的地板，从而减轻了重量和结构厚度。创新还包括通过嵌入顶棚的管道进行地暖。第3章和第13章将详细介绍混凝土模块的设计。

混凝土模块单元的制造通常是在一个模块内提供两个或三个房间，以最大限度地提高效率。模块还可以与其他平面预制混凝土单元组合，形成跨度更大的区域。盥洗室和多功能厅也可作为模块单元交付。核心区域通常使用L形和T形预制墙板，其设计目的是确保建筑的整体稳定性。

1.8.3 木材

自20世纪60年代以来，木结构已广泛

应用于住宅领域，并在美国的模块化住宅中得到普及。从历史上看，木结构也用于模块化建筑，尤其是临时或可搬迁建筑。这种建筑形式以预制木墙板为基础，使用89mm×38mm的墙竖向骨架和相同截面的顶部和底部轨道。通常情况下，墙板外覆胶合板或定向刨花板（OSB），内侧贴一层或两层石膏板。

地板和顶棚采用较深的次梁（通常深225mm），在某些系统中，边梁采用深层叠合梁，因此角柱之间的跨度可达10m。木制模块最高可设计为4层楼高。它们必须在角柱等坚固点捆绑在一起，角柱在安装过程中也用于吊装。

1.9　模块化系统的认证

所有建筑产品都必须通过欧洲技术认证（ETA），符合欧盟标准，认证机构必须是欧洲技术认证组织（EOTA）的成员。对于模块化系统而言，理想情况下应该包括制成品，即模块本身，而不仅是其各个组件。所使用的材料也应带有CE（意指符合欧洲标准）标志，钢型材和石膏板等建筑材料就是如此。尽管模块设计应符合ETA的规定，但ETA并不包括整栋建筑的建造。ETA应包括以下内容：

• 产品描述、预期用途及其特点；

• 验证方法，包括以下基本要求；
• 机械阻力；
• 防火安全；
• 卫生、健康和环境；
• 使用安全；
• 防止噪声；
• 节能、经济和保温；
• 耐用性、适用性和识别性；
• 符合性评估和证明；
• 关于产品适用性的假设。

非现场建造注册计划由劳埃德注册公司（Lloyd's Register）负责实施，是一项基于流程的评估计划，旨在确保经认可的组织符合从非现场行业采购建筑的客户所期望的基准标准（劳埃德注册公司，2011年）。该计划的重点是确保通过认证的组织拥有健全的系统和程序，并以基于风险的方法为基础，使其能够胜任并安全地提供满足客户要求的产品或服务。该认证的类别包括以下内容：

• 设计；
• 制造；
• 建造；
• 项目管理。

认证有效期3年，并须接受监督审核，这取决于组织的规模和登记的认证工作范围。

案例研究1：伦敦第一栋大型模块化住宅建筑

显示外部人行道和X形支架的路边视图（Yorkon公司和建筑师Cartwright Pickard提供）

用起重机安装模块（Yorkon公司提供）

皮博迪信托公司在伦敦东北部的哈克尼开发了默里·格罗夫（the Murray Grove）项目，作为现代建筑方法的示范项目。这是英国首个使用模块化建筑的大型住宅项目，于1999年竣工。该项目由建筑师Cartwright Pickard设计，获得了2000年住房奖等荣誉。

该住宅主要面向伦敦的关键岗位员工和为夫妇提供廉租房。对客户而言，高质量的建筑形象至关重要，这样才能克服人们对预制建筑可能存在的功利性看法。这座5层高的L形建筑位于一个拐角处，圆柱形楼梯塔楼和玻璃电梯位于两翼的交界处。建筑后部建有一个私人庭院，可通过安全入口进入。

74个Yorkon系统模块采用轻钢框架结构。单卧室公寓由两个长8m、宽3.2m、高3m的模块组成，双卧室公寓由三个模块组成。所有卧室和起居室的内部尺寸都是5.15m×3m。模块的两侧是开放式的，这样较宽的起居室和厨房空间就可以跨越两个模块。

在建筑设计中，为了节省空间，省略了内部走廊，通过面向街道的钢制外部走道进入公寓。走道是自承重的，并用钢杆进行X形支撑，以确保稳定性，这也增加了建筑效果。每套公寓都有一个与模块相连的私人阳台，阳台面向后面的公共花园。

这些模块单元均已安装、维修和装饰完毕，浴室和厨房设备、门窗也一应俱全。此外，屋顶构件、圆形钢制入口、电梯和楼梯间都是以模块化钢构件的形式交付的。

正立面采用了一种可扣装的赤陶雨幕覆层系统，该系统既具有建筑学美学的特性，又能与干燥的构造系统集成。用于固定瓷砖的轨道预先固定在模块上。背立面选用了雪松木，为庭院带来柔和的效果，背立面的阳台由一根管状支柱支撑，并与每层的模块相连，穿孔铝屏在阳台和楼梯塔楼前形成半透明的面纱。

案例研究2：曼彻斯特皇家北方音乐学院

从布斯西街远眺RNCM大楼

皇家北方音乐学院（RNCM）位于曼彻斯特牛津路，因此需要在校园附近建造学生宿舍。2001年，在邻近的布斯西街（Booth Street West）开始建造一座9层高的学生宿舍。之所以选择模块化建筑，是因为RNCM希望在12个月内完成项目，以赶上新学年的开始，还因为如果整个校园进行改建，该建筑有可能被拆除并搬到其他地方。

大楼设计为方形，围绕中央庭院，高度6～9层不等。大楼建在地下停车场上，半地下室一层为混凝土转换板。书房卧室单元位于中央走廊的两侧，楼梯和电梯位于建筑的四个角。这些单元采用钢结构，并通过支撑来确保建筑的稳定性。突出的屋顶也由上部模块支撑。

模块由Caledonian Modular公司按照其顾问布罗设计公司的结构布局制造。模块采用角柱和钢边梁，但有轻钢填充墙和地板托梁。模块的设计采用了外部覆面板和

保护膜，以确保其不受天气影响。风荷载被横向传递到建筑每面每层32个模块的核心部分。

Trespa公司的挡雨板预先安装在模块上，这意味着可以省去搭建脚手架和覆土的时间。作为围护设计的一部分，加强了模块之间的接缝，但是对模块的制造和放置精度要求很高。

由于音乐专业的学生需要在房间里练习，因此612个学习寝室和79个辅助单元的隔声效果非常好，模块系统中的双层墙壁和地板具有极佳的隔声效果。

从地下停车场上方的混凝土板上安装模块和核心钢结构仅用了25周，这使大楼9个月就竣工了，比传统建筑节省了6个月以上。大楼三面都是繁忙的道路，因此材料储物间和工地小屋的空间非常有限。模块的运送时间也经过安排，以避开交通最繁忙的时候。模块以每天8～10个的速度从卡车上直接吊装就位。

案例研究3：社会福利住房，伦敦北部雷恩斯公寓

建筑外观（Yorkon公司提供）

正在安装的模块（Yorkon公司提供）

伦敦北部斯托克纽因顿（Stoke Newington）的雷恩斯公寓（Raines Court）是皮博迪信托公司的第二个模块化住宅项目，该项目展示出了模块化建筑的多样性和最大限度利用场地可用空间的能力。这座6层高的公寓楼平面呈T字形，其中的模块被配置成一个私人庭院，庭院后部设有通道，全玻璃入口，大堂采用钢结构。

雷恩斯公寓由建筑师Allford Hall Monaghan Morris、Wates Constructio和Yorkon公司合作委托、设计和建造。127个模块安装历时4周。合同期仅为50周，比传统的现场施工方法节省了20周。

在底层，3.8m宽的模块提供了8个居住或工作单元。上面是5层两居室公寓，后面是一栋三居室家庭住宅楼。两个模块组成一个两居室公寓，另一个模块带有整体阳台。一个单元提供起居、用餐和厨房的区域，另一个单元提供卧室和宽敞的浴室。

模块的长度从9.6～11.6m不等，因此每个模块可提供40m^{2}的宽敞楼面面积。模块中还有一个3.8m×2m的阳台，模块高度仅3m，可提供600mm的组合地板到顶棚区域，模块设计为通过角方矩管立柱实现自支撑。6层建筑的稳定性由模块的支撑墙提供，钢架通道核心筒周围的X形支撑作为补充。

面向主街的立面采用轻质的刨花锌板，并用锌盖板遮盖模块之间的接缝，锌板在生产过程中被夹在直接连接模块的子框架上。

庭院立面采用垂直落叶松木材围护，以增加外围护结构的保温度，6层玻璃屋顶为建筑后部的通道平台提供了遮蔽，人行道上的方形玻璃屏风为每套公寓的入口提供了进一步的防护。

案例研究4：富勒姆混合模块和板材建筑

Lillie路6层建筑的庭院景观
（Feilden Clegg Bradley公司提供）

X形支撑横墙和组合式浴室的内部视图

皮博迪信托公司的第三个大型创新住宅项目选择了轻钢结构和模块化建筑，该项目位于伦敦西部富勒姆的Lillie路。Forge公司和Michael Barclay合伙人公司共同设计了一种混合板材和模块结构，其中所有部件都是预制的。该项目于2002年竣工。

项目位于一所学校的旧址，对于这个内城区来说，减少施工作业造成的干扰是客户选择施工方法的一个重要标准。项目由65套公寓组成，每套公寓的建筑面积约50m²，分三栋建造，其中最大的一栋楼高6层。这些建筑围绕着一个运动场布置，运动场建在地下停车场上。施工期缩短为68周，比原地砌筑或混凝土施工节省了20周。

这座6层高的建筑由预制轻质钢板、地板盒和浴室模块组成，所有模块均采用X形支撑，以确保稳定性。浴室模块也被设计成承重式，因此其墙壁和地板都有助于抵抗垂直和横向荷载。预装地板盒使用200mm厚的C型钢，墙壁构件使用100mm厚的C型钢，厚度为1.2～2.4mm，具体取决于所承受的荷载。

建筑师费尔登·克莱格·布拉德利（Feilden Clegg Bradley）继续以预制为核心，选择了轻质的叠层粘结陶土瓦系统作为防雨幕墙。在较高的楼层则使用了铝制防雨幕墙。低层建筑的沉香屋顶则加强"绿色"景观。方矩管（RHS）构件作为表达钢结构被引入端立面和阳台。并与轻钢墙板同时安装。

外墙的U值为0.2W/（m²·K），通过在C型钢截面之间以及墙体外部铺设矿棉实现了高节能。通过使用矿棉和两层隔声石膏板，分隔地板和墙壁的空气传播噪声降低了63dB以上。

案例研究5：曼彻斯特多功能模块化建筑

从Wilmslow路眺望这座8层多功能建筑

本项目在附近野外工厂建造的部分完工模块

这座位于曼彻斯特Wilmslow路的8层建筑由开发商OPAL承建，共1425个模块，支撑在一层的钢架裙房结构上，裙房结构下面是零售店和停车场。这些模块房由曼彻斯特大学的学生居住，也包括一些社会住房。

裙楼以上的主体建筑最初采用木框架结构，后改为钢结构模块化解决方案。模块供应商Rollalong与建筑师团队Design Buro密切合作，赶在学生入学之前于2002年2月至9月完成了项目。

该商住混合项目包括零售店、健身俱乐部、130套关键岗位员工公寓（出租）和6间残疾人专用房。底层零售店和地下停车场的设计采用了主复合钢框架，柱梁网格设计用于支撑上面每一层的成对模块。

Rollalong在附近的Wythenshawe租用了厂房，能够建立10条模块生产线，在8天的周期内完成上板、维修和装修，最后交付现场。这是英国首个为一个项目建立现场工厂的实例。

共安装了945个使用单模块的书房卧室

和使用成对开放式模块的公共区域。在安装过程中使用了"载人吊篮"系统，该系统获得了健康与安全执行局（HSE）的批准。在现场安装的4个月里，9人小组的最高安装速度达到了每天28个模块。

模块采用了Ayrframe系统，该系统由C型钢截面和顶帽截面格栅组成，从而形成了一个坚固的结构。宽度分别为2.4m和3.6m的标准模块围绕厨房和公共区域布置成三居室、四居室和五居室的组群。模块中内置的走廊减少了现场施工，并在施工期间实现了全天候密封。集成式模块楼梯和电梯井也是一项重要创新。

模块所在的裙房结构由跨度为9m的工字梁和深为170mm的复合楼板组成，楼板上铺有钢板。7层模块的轻质化是设计裙楼结构的一个重要因素。

为了实现快速建造计划，我们选择了雨幕围护系统。该系统由陶土瓦组成，下层结构通过水泥刨花板面板固定在模块上。在庭院区域，则使用了铝制挡雨板。

案例研究6：伦敦滑铁卢重要工作人员住房

从滑铁卢男爵广场俯瞰3层建筑

背立面的预制钢走廊和楼梯

　　根据皮博迪信托公司发起的"让伦敦持续运转"倡议，预计伦敦每年需要为关键岗位员工新建7000套经济适用房。2005年Spaceover在滑铁卢附近完成了一个名为Barons Place的经济适用房示范项目。这座3层建筑由15个模块组成，每个模块都有一个或两个卧室。建筑工程在严格的成本控制下完成，一居室公寓的成本为50000英镑（不包括土地）。现场作业由承包商Clancy Docwra负责管理。

　　建筑师普罗克特和马修斯（Proctor and Matthews）设计了基于18m²和25m²平面面积模块的高效公寓布局。54m²的两居室公寓由三个模块组成，每个模块的平面面积为18m²，一居室公寓由两个模块组成。面积较大的25m²模块提供了一个带整体厨房和浴室的一居室单间公寓。

　　为了尽量减少对滑铁卢地区交通的影响，15个单元在一个周末内安装完毕。模块由位于多塞特郡的Rollalong公司负责全部安装，并在交付现场安装了全高玻璃天井门。模块宽3.6m，长7m。隔断墙的位置可根据特定的公寓布局进行调整。

　　服务区位于走廊的非模块内，以便于垂直服务和互连。模块内部采用石膏板围护，浴室采用千思板墙板。所有的门和卫生间都适用于残疾人出入。

　　外部走廊和阳台是后续安置的，采用镀锌C型钢和管状构件预制而成。人行道的屋顶采用Kalzip围护。该项目中的围护采用了轻质水泥基板，设计用作挡雨屏。模块在临时和永久条件下都完全不受天气影响。服务策略包括高效的电蓄热系统、机械辅助Passivent冷却系统以及动态隔热等其他功能。此外，采用全高天井门和特色阳台以方便清洁。围护设计的U值为0.2W/（m²·K）。

参考文献

Barlow, J., and Osaki, R. (2005). Building mass customised housing through innovation in the production system. *Environment and Planning*, 37(1), 9–21.

Birkbeck, D., and Scoones, A. (2005). *Prefabulous homes—The new house building agenda*. Constructing Excellence, London, UK.

British Standards Institution. (2009). *Continuously hot-dip coated steel flat products. Technical delivery conditions*. BS EN 10346.

Building Research Establishment Environmental Assessment Method (BREEAM). www.breeam.org.

CIB, International Council for Research and Innovation in Building Construction. (2010). *New perspectives in industrialisation in construction: A state of the art report*. CIB Report 329.

CIB, International Council for Research and Innovation in Building Construction. *Open building implementation*. W104. www.cibworld.nl.

CIB, International Council for Research and Innovation in Building Construction. *Customised industrial construction*. W119. www.cibworld.nl.

CLG (Communities and Local Government). (2011). *Planning policy statement 3: Housing (PPS3)*.

Construction Industry Council. (2013). *Offsite housing review*. London. www.cic.org.uk.

Construction Products Association. CE marking. www.constructionproducts.org.uk/sustainability/products/ce-marking.

Department for Communities and Local Government. (2010). *Code for sustainable homes—Technical guide*. London. www.gov.uk/government/publications.

Egan, J. (1998). *Re-thinking construction, the Report of the Construction Task Force* [the Egan report]. Office of the Deputy Prime Minister, London, UK.

Gann, D. (1996). Construction as a manufacturing process—Similarities and differences between industrialised housing and car production in Japan. *Construction Management and Economics*, 14, 437–450.

Gann, D., with Biffin, M., Connaughton, J., Dacey, T., Hill, A., Moseley, R., and Young, C. (1999). *Flexibility and choice in housing*. Policy Press, London.

Gibb, A.G.F. (1999). *Offsite fabrication—Pre-assembly, pre-fabrication and modularisation*. Whittles Publishing Services Dunbeath, Scotland.

Gibb, A.G.F., and Isack, F. (2003). Re-engineering through pre-assembly. *Building Research and Information*, 31(2), 146–160. doi: 10.1080/09613210302000, https://dspace.lboro.ac.uk/2134/9018.

Gibb, A.G.F., and Pendlebury, M.C. (2003). *Standardisation and pre-assembly—Project toolkit*. Report C593. Construction Industry Research and Information Association (CIRIA), London, UK.

Gibb, A.G.F., and Pendlebury, M.C. (2006a). Buildoffsite cameo case studies. www.Buildoffsite.org.

Gibb, A.G.F., and Pendlebury, M.C. (eds.). (2006b). Glossary of terms for offsite. Buildoffsite, London. www.Buildoffsite.org.

Goodier, C.I. (2008). Skills and training in the UK precast concrete manufacturing sector. *Construction Information Quarterly*, 10(1), 5–11. http://hdl.handle.net/2134/5463.

Goodier, C.I., Dainty, A.R.J., and Gibb, A.G. (2006). *Manufacture and installation of offsite products and MMC: Market forecast and skills implications*. Report for CITB ConstructionSkills. Loughborough University.

Goodier, C.I., and Gibb, A.G.F. (2005a). The offsite market in the UK—A new opportunity for precast? In Borghoff, M., Gottschalg, A., and Mehl, R (eds.), *Proceedings of the 18th BIBM International Congress*, Woerden, Netherlands, pp. 34–35. http://hdl.handle.net/2134/6013.

Goodier, C.I., and Gibb, A.G.F. (2005b). The value of the UK market for offsite. www.Buildoffsite.org.

Goodier, C.I., and Gibb, A.G.F. (2007). Future opportunities for offsite in the UK. *Construction Management and Economics*, 25(6), 585–595. http://hdl.handle.net/2134/3100.

Goodier, C.I., and Pan, W. (2010). *The future of UK housebuilding*. RICS, London. http://hdl.handle.net/2134/8225.

Gorgolewski, M., Grubb, P.J., and Lawson, R.M. (2001). *Modular construction using light steel framing: Residential buildings*. Steel Construction Institute P302.

Lawson, R.M. (2007). *Building design using modular construction*. Steel Construction Institute P348.

Lawson, R.M., Grubb, P.J., Prewer, J., and Trebilcock, P.J. (1999). *Modular construction using light steel framing: An architect's guide*. Steel Construction Institute P272.

Lawson, R.M., Way, A., and Popo-ola, S.O. (2009). *Durability of light steel framing in residential buildings*. Steel Construction Institute P262.

Leadership in Energy and Environmental Design (LEED). www.usgbc.org.

Lloyds Register. (2011). Buildoffsite registration scheme factsheet. Version 3. www.lloydsregister.co.uk/schemes/buildoffsite.

McCarney, M., and Gibb, A.G.F. (2012). *Interface management from an offsite construction*. In S.D. Smith (ed.), *Proc. ARCOM*, September. Edinburgh, UK, pp. 775–784.

McGraw-Hill Construction. (2011). *SmartMarket Report: Pre-fabrication and modularization in construction; increasing productivity in the construction industry*.

Modular Building Institute. (2012). *Permanent modular construction 2012 annual report*. Charlottesville, VA. www.modular.org.

Mullen, M.A. (2011). *Factory design for modular home building*. Constructability Press, Winter Park, FL.

ODPM (Office of the Deputy Prime Minister). (2005). *Planning policy guidance note 3. Housing*, London.

Pan, W., and Goodier, C.I. (2012). Housebuilding business models and offsite construction take-up. *Journal of Architectural Engineering*. doi: http://dx.doi.org/10.1061/(ASCE)AE.1943-5568.0000058, https://dspace.lboro.ac.uk/2134/9738.

Pearce, D. (2004). *Social and economic value of construction*. New Construction Research and Innovation Panel (nCRISP), London, UK.

POST. (2003). *Modern methods of house building*. Briefing paper for the Parliamentary Office of Science and Technology, London.

Venables, T., Barlow, J., Gann, D., Popa-Ola, S., et al. (2003). *Manufacturing excellence: UK capacity in offsite manufacture*. Housing Forum, UK.

Vernikos, V.K., Goodier, C.I., Robery, P.C., and Broyd, T.W. (2014). B.I.M. and its effect on offsite in civil engineering. *Institution of Civil Engineers Management Procurement and Law*, BIM special issue, April 2014 (forthcoming).

Vernikos, V.K., Nelson, R., Goodier, C.I., and Robery, P. (2013). Implementing an offsite construction strategy within a leading UK contractor. ARCOM Conference, Reading, UK, September, pp. 667–677.

Winch, G. (2003). Models of manufacturing and the construction process—The genesis of re-engineering construction. *Building Research and Information*, 31(2), 107–118. doi: 10.1080/09613210301995.

钢结构模块类型

由钢制构件组成的模块化建筑系统，主要使用冷弯镀锌C型钢制造的墙板、楼板和顶棚，并辅以方形或空心形的热轧角体。这些板材被制作成三维模块，内部以木板封装，外部通常有护套，安装完毕后运往施工现场。

开放式模块可使用角柱和边梁制造。本章介绍轻钢结构模块的形式，第12章将介绍其结构设计。SCI P272号文件（Lawson等人，1999年）首次提出了钢结构模块化建筑的可行性。SCI P302号文件（Gorgolewski等人，2001年）也对模块化建筑的设计提供了指导。

2.1 轻钢模块的基本形式

钢结构协会在SCI P348文件中对三种使用轻钢框架的通用模块化建筑形式进行了评述（Lawson，2007年）：

- 四面连续支撑模块，垂直荷载通过墙壁传递（图2.1）；
- 通过角柱和中间柱传递垂直荷载的开放式或角支撑的模块（图2.2）；
- 非承重模块，通常称为吊舱，由楼板或独立结构支撑（见第3章）。

图2.1 轻钢框架中的连续支撑模块，其中墙壁荷载通过楼板和顶棚的支撑进行传递
（Terrapin公司提供）

图2.2　带承重墙的部分开放式模块（建筑师PCKO提供）

这三种模块建筑形式的用途各不相同，主要取决于是需要封闭空间（如酒店卧室）还是开放空间。模块是建筑的主要结构，而模块组的稳定性可通过其他钢构件，甚至是单独的钢结构来增强。整体卫浴或小型机房通常是建筑主体结构支撑的非承重模块。第4章将介绍非承重模块实例。

2.2　四边支撑模块

连续支撑模块或四边支撑模块的纵向侧边与下面模块的墙壁相连。墙壁由70～100mm厚的C型螺柱组成。螺柱单个或成对放置，中心距600mm，具体取决于施加在墙壁上的纵向荷载。端墙通常穿孔较多，一端是大窗户，另一端是门和服务间。

地板和顶棚通常由中心距为400mm的C型次梁组成，次梁可以单独放置，也可以作为卡槽式地板的一部分，其纵向边缘构件的厚度相同。将这些二维面板组装成三维模块单元的过程如图2.3所示。

角柱通常采用热轧角钢或SHSs的形式，用于为阳台等其他结构部件提供局部吊点和连接件。在某些系统中，楼板和顶棚的边梁通过相互承重来间接传递荷载，但在大多数情况下，侧墙提供直接荷载传递。间接荷载传递方法依赖于边梁在其纵深范围内的抗压性，因此这种组合方式仅限于高度约4层的建筑。通过侧墙直接传递荷载的方法取决于C型次梁的抗压性能，C型次梁可以成对放置，也可以用较厚的钢板轧制，以承受较高的荷载。

如图2.2所示，根据结构形式的不同，可以在模块的墙壁上开出相当大的开口。在这种情况下，卡槽式地板的边梁可根据具体建筑高度，跨越模块的部分开放边长最长达2.5m。

即使在连续支撑模块中，角柱也用于提供吊点以及与其他模块和结构件的连接点。

四边支撑模块使用热轧角钢或较小模块

的冷弯型钢（3～4mm厚）作为角柱。在模块的墙壁上设置X形支撑，或利用基层板的横隔作用，或利用单独的支撑系统来提供稳定性。

图2.4展示了这一模块化技术的适用性，其中一个12m长的模块包括了一个整体走廊。这就避免了以板材形式建造走廊，并在施工期间避免天气影响。在这个例子中，由于开放式走廊相对灵活，模块需要8个吊装点。Caledonian Modular公司和Futureform公司在高层建筑中使用了这种结构形式（见案例研究），在这些建筑中使用较大的模块更具施工优势。

图2.3 用五块面板、角柱和卡槽式地板组装一个模块

图2.4 带有中间走廊的角支撑模块（Kingspan Steel Building Solutions公司提供）

2.3　角支撑模块

角支撑模块的四角有柱子，有时中间也有柱子，边梁横跨在柱子之间。以这种方式，模块可以设计成开放式的，尽管填充墙可以用于形成蜂窝空间。角柱通常采用SHSs的形式，边梁可以是平行法兰槽钢（PFCs）或较重的冷成型截面。

边梁的跨度通常在6~12m，宽度通常在200~350mm。因此，地板和顶棚的边梁总宽度在450~750mm。横梁之间留有50mm的间隙。图2.5是这种模块的典型示例。

角支撑模块的优点是可以在立柱之间设计成敞开式。如图2.6所示，中间支柱可用于减少边梁的跨度或用于运输。

但是，由于梁与柱的连接抗弯能力相对较弱，因此，模块组通常要依靠位于楼梯和电梯井周围的附加支撑来实现稳定性。这类开放式模块常用于医疗卫生建筑和教育建筑（见第7章和第8章）。

图2.5　角支撑模块（Kingspan Steel Building Solutions公司提供）

图2.6　带中间支柱的角支撑模块（BW Industries公司提供）

2.4　开放式模块

开放式模块可使用焊接端框架制造。图2.7举例说明了使用250mm×150mm RHSs的焊接端框架。这种方式可以提供全玻璃幕墙，并且模块也可以沿着它们的长度组合。这种钢端框架可用于对作用在模块长边的风荷载提供侧向阻力，适用于6层高的建筑，具体取决于水平组中模块的数量。图2.8是伦敦市中心一家采用这一原理建造的酒店实例。

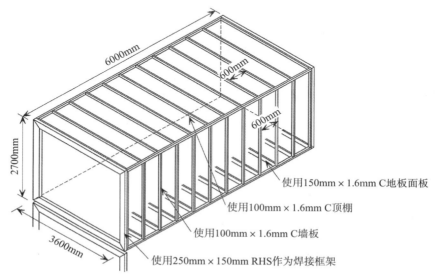

模块和焊接端框架的等距视图

图2.7　利用开放式模块创造灵活空间

图2.8　伦敦南华克的Citizen M酒店，采用全玻璃开放式模块（Futureform公司提供）

图2.9 使用混合板材和模块建筑的示范建筑（Tata Steel公司提供）

2.5 混合箱式和板式系统

在模块和板式混合系统中，模块单元用于价值较高的区域，如浴室和厨房。承重墙板和卡槽式地板则创造出更加灵活的开放空间。印度塔塔钢铁公司的示范建筑就采用了这种系统（图2.9）。在这个项目中，浴室、厨房和楼梯是由一个宽3m、长1.1m的模块组成的，两个公寓共用一个模块，支撑着跨度达5.7m的预制楼板。第8章将对这种混合模块建筑进行进一步探讨。

2.6 混合箱式、板材和主钢架系统

模块化建筑主要用于单元式中层建筑。通过将模块与主钢结构结合使用，可以在建筑高度和内部规划方面实现更大的灵活性。多种混合建筑结构如下所示：

- 平台结构，通常为一层或两层，用于支撑上面的模块。支柱的宽度是模块宽度的2~3倍，通常为6~9m；
- 框架式钢结构或混凝土结构，为特定楼层提供开放区域，堆叠模块则提供高度服务化的区域或核心区域；
- 框架结构，其中非承重模块和墙板由梁或混凝土地板支撑。

裙楼结构通常用于在底层提供商业或公共空间，以及在地下室提供停车场。钢和混凝土复合结构可在裙楼层采用坚固的结构来支撑上层模块的荷载。裙楼结构的设计通常可为上面4~6层的模块提供支撑。第10章将详细介绍这种方法。

另一种方法是将框架结构设计成细长地梁的形式，将模块和卡槽式地板支撑在地梁底部延伸的下翼缘上，使其与地板的厚度相同。一对模块可位于支柱网格内，模块的四角凹陷，以便模块与地板四周相吻合。

如图2.10所示，采用SHS或窄H形截面柱，以最小化墙壁宽度。

多层建筑常用的施工形式是在复合结构或薄地板结构中设计主钢架，并使用非承重轻钢填充墙作为外墙和隔墙。整体卫浴可以方便地安装到位，其楼板厚度与楼板上的隔声层应相同以保证结构处于同一水平，其地板厚度与楼板上的隔声层相同。第4章将介绍各种类型的模块。

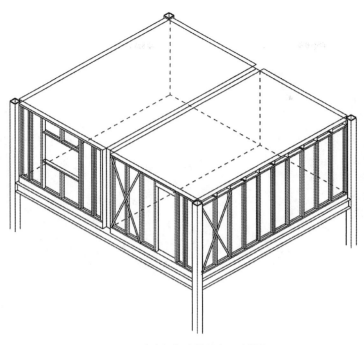

图2.10 由主钢架支撑的嵌入式模块

案例研究7：伦敦斯托克韦尔的关键岗位员工住房

从斯托克韦尔的拉克霍尔巷俯瞰竣工的大楼

沿大楼正面安装模块

建筑师PCKO使用波兰制造商BUMA进口的轻钢模块，为海德住宅协会设计了这座位于伦敦南部斯托克韦尔（Stockwell）的4层建筑。该建筑由4套两居室和4套单居室公寓组成。两居室公寓由两个部分开放模块组成，同时还安装了一个中央楼梯模块。整个安装过程仅用了3周时间。从地基开始，整个施工只用了8周时间，据总承包商Rok估算，这仅占砖砌和砌块结构施工时间的20%。

该项目于2004年竣工，8套公寓成本与效益700000英镑。客户还希望有机会将模块拆卸下来，在其他地方重新使用。模块的镀层都在工厂中完成。钢结构阳台采用地面支撑。公寓采用电加热，对于这种具有高度隔热外墙的建筑是非常经济的方式。

模块宽3.3m、长9～11m。两个模块组成一个或者两个房间。模块还设计成部分开放式，以提供更多可用的生活空间。2.5m宽的楼梯也是模块预制。所有20个模块在不到10天的时间内安装完毕，并在随后的5周内完成收尾工作。

公寓外墙由金属板和隔热抹灰组成。后来，所有公寓的前后立面都安装了预制钢阳台，可通过模块中内置的倾斜且可开启全高窗进入阳台。上部模块配备有一个浅沥青钢屋顶，以进一步加快施工过程。

地基是简单的条形地梁，与设计早期考虑的钢筋混凝土框架相比，轻钢结构、围护和屋顶的荷载减少了50%以上。模块化施工工艺还大大减少了材料、运输、废料和现场工作人员的数量。

案例研究8：皇家利明顿阿索恩山会议中心

模块化住宿楼的大型金属围护板

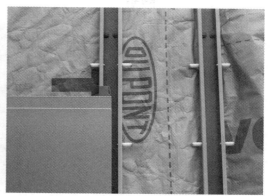

雨幕板与固定在模块上的垂直滑轨的连接

位于皇家利明顿矿泉疗养地（Leamington Spa）的阿索恩山会议中心需要高质量的住宿设施，因此委托Terrapin进行设计和建造，以满足紧迫的工期要求。该项目提供给了Corus Living Solutions合作机会，后者为这座2层住宅楼制造、安装并交付了27间模块化卧室和机房。建筑于2005年竣工，其设计与现存的二级文物保护建筑相得益彰。

模块单元的外部平面尺寸为3.8m×6.3m，其中包括一间浴室。这些单元布置在一条1.2m宽的中央走廊两侧，走廊一端有一个大楼梯。服务连接是在模块对之间的垂直立管中进行的。

房间模块采用100mm×1.6mm C型钢截面作为墙壁，采用165mm厚C型钢作为地板次梁。墙壁内部使用耐火石膏板和大型Fermacell面板。闭孔隔热材料直接固定在外墙防潮石膏板上。地板由19mm石膏板面板上的定向刨花板（OSB）和22mm刨花板组成，矿棉上的聚苯乙烯块放置在地板次梁之间，用于隔声。地板和顶棚的总厚度为450mm。

外部围护采用塔塔（Tata）色彩公司Celestia系列的猎户座颜色制造而成的涂层钢板组成。这些雨屏是预制的，尺寸与窗户图案相匹配，并支撑在预先连接在模块上的垂直轨道上。客户选择的这种金属表面与主楼的传统灰色石板融为一体。长2.3m、宽1m的钢窗框用尼龙钉连接到轨道上，形成一个带有隐藏固定装置的雨。

从进入现场开始，5个月就完成了全部施工。28个房间的模块在3天内完成安装，为后续施工和装修搭建了外部架构。该建筑的设计实现了高效节能、高舒适度和高效隔声。

宽3.83m、长10m的楼梯模块作为开放式顶，其楼梯段由模块顶部的横梁支撑。上部模块的地板形成了休息平台。V形层顶设置了内部排水沟，雨水通过位于模块之间的设备间中的落水管排出。

案例研究9：伦敦南华克（Southwark）现代模块化酒店

位于南华克Lavington街的酒店

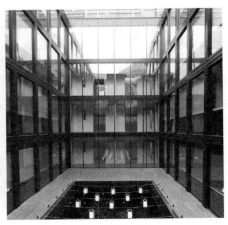

酒店中庭内景

模块化建筑被广泛应用于酒店，其施工速度快，可为酒店运营商带来良好的经济效益。位于伦敦南岸南华克的Citizen M新酒店将模块化建筑的设计水平提升到了一个新的高度。Futureform公司的模块化解决方案采用了一种新形式，即95个宽2.5m、长15m的双人房和走廊模块，以及少量单人间模块。

酒店高6层，共有192间卧室，酒店接待处、餐厅和其他设施位于底层。模块的建造规格很高，包括落地窗、局部供暖和供冷、情调照明以及房间之间的高隔声量。模块由一个单层钢结构框架支撑，一层是酒店接待处和餐厅。

酒店设计的耐火时间为90min，并且内置高压式喷淋装置，这已高于建筑法规的防火要求。整个墙壁厚度只有200mm，地板和顶棚的组合区域只有400mm，这对于双层建筑来说是非常窄的。全玻璃幕墙由80mm×40mm RHS型材焊接而成。这种刚性框架提供了对作用在5层模块组件上的水平载荷的阻力，也提供了模块之间的连接点。

底层的钢结构以6m×5m的网格为基础，每根横梁支撑两个模块。钢柱的宽度与模块对的宽度一致。重达10t的模块以平均每天6个的速度由放置在路边的500t起重机的50m吊臂吊装到位。由于采用了轻型模块结构，地基上的荷载降到了最低，上层的楼梯、电梯与卧室模块可以同时安装。

模块化卧室在运抵现场前已全部完工，走廊则由现场的二次固定完成。作为模块化设计和供应商，Futureform公司的分包合同仅占总建造成本1400万英镑的35%。在为期9个月的施工计划中，模块的安装仅用5周时间，与传统建筑相比，大约节省6个月，在2012年奥运会前夕，这对客户来说非常重要。该项目达到了英国建筑性能评估体系中"非常好"的标准。测得的模块气密性为5m³/m²/h，明显优于传统建筑，测得的房间隔声效果超过60dB。

参考文献

Gorgolewski, M., Grubb, P.J., and Lawson, R.M. (2001). *Modular construction using light steel framing: Residential buildings*. Steel Construction Institute P302.

Lawson, R.M., Grubb, P.J., Prewer, J., and Trebilcock, P.J. (1999). *Modular construction using light steel framing: An architect's guide*. Steel Construction Institute P272.

Lawson, R.M. (2007). *Building design using modular construction*. Steel Construction Institute P348.

第3章

预制混凝土模块

预制混凝土构件广泛应用于现代建筑中，包括板和墙等平面构件以及梁和柱等线性构件。这些构件可以组合成体积单元，既可以作为工厂浇筑过程的一部分，也可以在施工现场组装。本章主要介绍在工厂整体浇筑的模块单元类型。第13章介绍了混凝土模块的结构设计指南。

3.1 预制混凝土模块的优点

使用混凝土模块及其现场精加工活动的特殊优势在于：

- 模板在工厂中被有效地用于混凝土单元的生产；
- 考虑到起重机的能力和模块的吊装距离，每天可安装6～10个模块；
- 提供齐平的和连续的墙壁和顶棚；
- 内墙在模块内整体浇筑；
- 混凝土墙壁通常不需要涂满抹灰或其他围护。通常只需在现场涂上一层抹灰；
- 预留空间和电器导管预制于混凝土中；
- 外墙混凝土板可进行各种表面处理；
- 通过在模块内形成凹槽和支撑面，模块可与平面墙壁和地板相结合；
- 与现场施工相比，可实现更高的施工精度。

预制混凝土构件减少了对模板和脚手架的要求，从而通过减少现场资源和缩短现场施工计划来节约成本。大多数预制混凝土模块制造商都会提供详细设计、交付和现场安装。图3.1举例说明了大型混凝土模块的安装过程。混凝土建筑在防火、隔声和保温方面具有固有的优势。混凝土建筑的重量相对较高，意味着可以满足高抗震标准的专业应用，如实验室和医院手术室。

与现浇混凝土相比，预制混凝土构件具有更高的精度和质量。预制混凝土工厂采用自有混凝土生产线，从而确保了供应和材料控制的一致性，提高了颜色、质地和性能的可靠性，可以实现各种高质量的表面处理。

图3.1 预制混凝土模块的现场安装
（Oldcastle Precast公司提供）

大部分的预制混凝土，都是在距离其使用一天的运输距离内制造出来的。控制材料和高效的工厂流程也可以尽量减少浪费。与其他模块化系统一样，场外制造降低了现场活动水平，通过消除劳动密集型的模板装模和拆模、材料处理等方式，来提高混凝土施工的整体安全性。

图3.2 典型的隔墙结构
（Precast Structures公司提供）

3.2 预制混凝土建筑模板

使用预制混凝土构件的建筑形式有以下几种：

- 框架和楼板；
- 隔墙结构；
- 双层墙结构；
- 隧道式结构；
- 模块化结构。

预制混凝土构件还可与现浇混凝土相结合，例如在预制楼板单元上浇筑混凝土面层，预制混凝土框架可用于单层工业建筑、办公室、停车场和一些公共建筑，大型预制混凝土围护单元也广泛用于多层办公楼。

3.2.1 框架结构

预制混凝土框架主要用于单层工业建筑、停车场和低层办公楼。结构形式包括梁、柱、楼板、剪力墙和楼梯等专业构件。

3.2.2 隔墙结构

隔墙体系隔墙体是一种使用预制平面构件的有效建筑方法。如图3.2所示，承重隔墙为建筑提供垂直支撑和横向稳定性。纵向稳定性由外墙板或楼板的连续墙作用实现，楼板的连续墙作用将水平荷载传递到电梯和楼梯核心筒。

3.2.3 双层墙结构

双层墙结构是预制混凝土和现浇混凝土

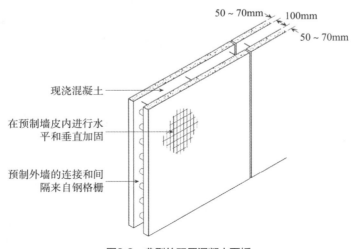

图3.3 典型的双层混凝土面板

结构的结合。如图3.3所示，每块墙板都由两块预制钢筋混凝土面板组成，并通过网状钢筋固定在一起。混凝土表皮是永久性模板，与表层之间填充的现浇混凝土一起发挥结构作用。因此，与类似尺寸的完全预制面板相比，面板的重量减轻了，从而可以使用较大的面板或需要较小的起重机进行安装。图3.4显示了一个多层住宅建筑的双层墙建筑实例。

3.2.4 隧道形式结构

隧道形式是一种用于形成蜂窝结构的模板系统（Brooker和Hennessy，2008年）。该系统由倒L形的半道隧形式组成，这些模板拼接在一起就形成了完整的L混凝土墙（图3.5）。该系统还包括山墙面平台和脱模平台，用于流转和方便模板的敲击。蜂窝结构是通过一次浇筑整体墙壁和楼板形成的，通常每天浇筑一层。

L形混凝土墙模板项目需要考虑的一个关键问题是，能否将模板吊离建筑物并移动到下一个位置。虽然可以使用较短的L形混凝土墙模板单元（但会降低生产效率），但一般要求至少在建筑物的一侧留出5m的净空。

3.3 混凝土模块化建筑

酒店、监狱和安全住所是模块化预制混凝土建筑最常见的应用领域，因为可以实现规模化生产。模块化预制混凝土单元的重量可达40t，但20t更为常见。它们被运到现场，然后用起重机吊到预先准备好的底层楼板上。以下是混凝土模块化建筑的实例。

3.3.1 酒店

走廊式建筑可以通过重复使用模块化预制构件来实现。对于酒店来说，可以在房间内部的混凝土表面涂上漆层。如图3.6所示，

图3.4 典型的双层墙工程
（John Doyle Construction Ltd.提供）

图3.5 典型的L形混凝土墙模板
（Outinord International Ltd.提供）

图3.6 预制模块化酒店单元被运往工地
（Oldcastle Precast公司提供）

模块也可采用适当的装饰围护。走廊可以作为平面构件来制造，也可以作为房间模块的延伸来制造。如果需要，这些模块可以配备预装的空调单元、家具、额外的外部绝缘材料和外围护。

类似形式和尺寸的模块化预制单元也可用于学生宿舍、军营和关键岗位员工宿舍。

3.3.2　监狱和安全住所

监狱牢房通常采用模块化预制混凝土结构。墙壁和屋顶是使用专门设计的特殊模具一次性浇筑混凝土，以简化脱模过程（图3.7）。模块的底部通常是开放的，这样下面模块的屋顶就形成了楼板。这样就简化了混凝土的浇筑过程，并形成了单层楼板。窗格和门洞可以浇筑在钢筋混凝土墙体上。

3.3.3　学校

如图3.8所示，预制混凝土模块可通过使用刚性连接的地板和顶棚结构来制造开放式侧面。这种结构形式主要用于单层教学楼，在这种情况下，外墙采用黏土砖。密肋楼板的跨度可达12m。楼板由中间点的地梁支撑，因此比屋顶板薄。

图3.7　组合式混凝土单元浇筑
（Tarmac Precast Ltd.提供）

3.3.4　地下室模块

一些供应商也生产用于地下室的模块化混凝土预制构件，平面尺寸最大为6m×3.6m，带有正面或异形倒角，外观与传统的混凝土预制暗渠构件类似。这些单元还可以配备完整的开口、门、通风井、服务设施和楼梯。模块化地下室单元的设计目的是在地下室单元的顶部建造传统的砌体结构，同时也作为建筑物的地基。

图3.8　为一所学校安装预制模块单元（Oldcastle Precast公司提供）

图3.9　在布里斯托尔的西英格兰大学（UWE），混凝土整体卫浴被吊入采用交叉墙结构建造的学生宿舍
（Buchan公司提供，混凝土中心，2007年）

3.3.5　整体卫浴

整体卫浴可以用预制混凝土制造，其结构由薄混凝土墙和地板组成，并用单层钢网加固。电器导管和管道也可以浇筑在混凝土中。为了有效利用共用的管道间，整体卫浴通常背靠背地分布在管道间周围，因此可能会有多达四个整体卫浴集中在楼板的一个区域。一个混凝土整体卫浴的重量可达4t。

整体卫浴可以带地板，也可以不带地板，这取决于相邻楼板的水平，因为整体卫浴的成品地板表面应与周围地面的表面水平一致。在某些情况下，可以接受从一般地面层到浴室之间有一个台阶，但在大多数情况下，整体卫浴下需要一个较薄的地面，或者在相邻楼板上铺设地坪，使其达到与整体卫浴地面相同的水平。图3.9展示了一个混凝土整体卫浴的实例。

3.3.6　预制混凝土芯材

如案例研究所示，预制混凝土核心筒可用于任何类型的模块化建筑或开放式框架结构建筑。预制核心筒一般都带有楼梯和电梯附件。楼梯可与特定楼层的模块一起按顺序安装，但核心筒可提前1～2层安装。预制核心筒还可以安装一对电梯。

案例研究10：哈特尔普尔学院模块化预制混凝土核心筒

安装中的预制混凝土电梯模块（PCE Design & Build公司提供）　　双电梯井筒模块正在被吊装到位

与传统的现浇混凝土建筑相比，预制混凝土模块系统为电梯井快速、准确和经济的安装提供了解决方案。它们可用于各种建筑，从学校、监狱到零售店和住宅建筑，单个或多个电梯井可在短短一天内现场完成。预制电梯单元按计划运抵现场，并直接从货车上安装。电梯核心筒的安装可以比建筑的其他部分提前5层以上，因为模块的组装可以稳定到20m高。

总承包商米勒建筑公司为提赛德郡哈特尔普尔学院（Hartlepool College）新斯托克顿街校区的核心建筑安装了一系列预制模块电梯井，该建筑于2012年启用。电梯井的设计和施工由PCE Design & Build公司负责。施工计划取决于快速安装电梯和楼梯的需要，仅用5个工作日就完成了高度14～21m的5个预制电梯井的安装。

模块化电梯井包括27个单个单元和10个双电梯段，由一台100t起重机吊装。较大的电梯单元宽4m、深3m，墙厚150mm。底座部分放置在预先铺设的基座上，以确保垂直度的精确性。三个单层和一个双层核心筒依次完成，然后在其顶部加盖，以提供防风雨保护。然后将电梯安装在电梯井内，电梯井内包括用于支撑电梯的横梁槽。该项目还包括27个预制楼梯和14个预制混凝土平台单元。

模块化单元主要依靠一个模块对另一个模块的摩擦支承，但其位置精度是通过单元之间的连接螺栓实现的。典型的模块化电梯单元重量为8～12t。电梯单元经过加固，可以承受电梯重量带来的垂直载荷。升降机导轨的所有连接点均可在工厂内安装。

参考文献

Brooker, O., and Hennessy, R. (2008). *Residential cellular concrete buildings: A guide for the design and specification of concrete buildings using tunnel form, cross-wall or twin-wall systems*. CCIP-032. Concrete Centre, London, UK.

Concrete Centre. (2007). *Precast concrete in buildings*. Report TCC/03/31. London, UK.

Concrete Centre. (2009a). *Precast concrete in civil engineering*. London, UK.

Concrete Centre. (2009b). *Design of hybrid concrete buildings*. London, UK.

Elliott, K.S. (2002). *Precast concrete structures*. BH Publications, Poole, UK.

Narayanan, R.S. (2007). *Precast Eurocode 2: Design manual*. CCIP-014. British Precast Concrete Federation, Leicester, UK.

第4章

其他类型的模块

本章回顾了其他类型模块的使用情况，包括海运集装箱的再利用、小型整体卫浴的制造、大型机房或服务单元、模块化楼梯/电梯核心筒以及用于救灾的模块。木结构模块已用于酒店、学校和住宅，但与钢结构或混凝土模块相比，其使用范围较小。

4.1 木结构模块

各种形式的木结构模块被用于1～2层的教育建筑以及住宅，具体内容如下：

4.1.1 教育建筑

专业公司为临时和永久性教室、体育馆、餐厅及厨房、托儿所、工厂、医疗和办公楼生产一系列木结构模块。该领域木结构模块的典型规格包括：

- 地板：100mm×50mm的木地板次梁，18mm胶合板或刨花板胶合并钉在木制次梁上；
- 外墙：100mm×50mm的木质框架，外覆Stoneflex围护，在木柱之间插入60mm的闭孔隔热材料。内部为12.5mm石膏板；
- 屋顶：箱形木梁以2.4m为中心间距布置次梁，木制次梁按纵向坡度铺设，

由胶合板或类似板材进行屋顶板覆盖，屋顶板上铺设防水材料。

Terrapin的木制Unitrex系统与其他模块化系统的不同之处在于，它是"平装"被运到工地的；首先安装楼板，其次加装屋顶板以支撑木柱，再次安装墙板。如图4.1所示，屋顶可以是平的，也可以是斜的，还有一种单铰斜屋顶解决方案。

4.1.2 住宅

居住用木模块由38mm×89mm的木墙骨和固定在外侧的9mm定向刨花板（OSB）装饰板组成。墙体外部用硬质隔热板隔热，并覆盖一层防水透气膜。矿棉隔热材料置于木龙骨之间，12.5mm抗冲击石膏板构成内表面。

砖砌外墙与木结构之间有50mm宽的空腔隔开，封闭式隔热板放置在模块外（图4.2）。木地板的制造如图4.3所示。如果使用250mm厚的地板次梁，其厚度通常为385mm。

图4.4举例说明了在2层半独立式房屋中安装木模块的情况。在这种情况下，两个4m宽的模块组成一栋房屋，模块内部设有楼梯、厨房、浴室和隔断。屋顶采用传统的木桁架。图4.5所示为已完工的模块化住宅项目，采用传统的砖砌外墙和瓦片屋顶。

图4.1　米尔顿凯恩斯Stantonbury学校使用的平板组合木板（Terrapin公司提供）

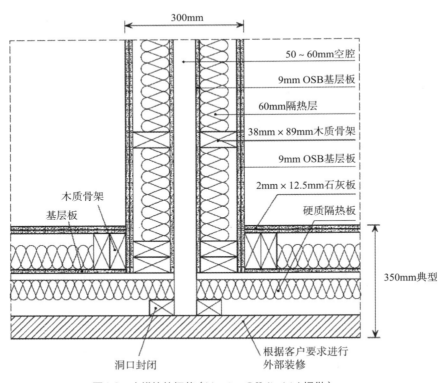

图4.2　木模块的细节（Hunter Offsite Ltd.提供）

图4.3 加工中的木楼板（Hunter Offsite Ltd.提供）

图4.4 现场组装的木模块（Hunter Offsite Ltd.提供）

图4.5 已竣工的木结构模块化住宅
（Hunter Offsite Ltd.提供）

4.2 船运集装箱的再利用

由于对远东的进出口不平衡，欧洲的海运集装箱过剩，且运输空集装箱并不经济。集装箱是专为船舶和卡车运输各种货物而设计的，由空心角钢挤压焊接形成钢墙。集装箱的四角设有标准吊点（图4.6）。

海运集装箱的尺寸和结构特性，意味着它们可以很容易地被改装成许多临时或永久性用途，比如商店等。它们的主要优点是随时可用，并且可以用传统的集装箱卡车运输，无须护送。图4.7和图4.8举例说明了伦敦利用集装箱改造办公和展示空间的情况。

集装箱的标准外部宽度为2.42m，长度范围为2.42～12.19m，外部高度为2.59m和2.89m。集装箱高度可以增加，但其外部宽度总是保持为2.42m。

更大胆的用途是用集装箱来组成整个或部分多层建筑。伦敦斯特雷瑟姆的邓雷文学校（Dunraveh School in Streatham）用集装箱在

图4.7 用于工厂车间和办公室的集装箱，伦敦码头区

图4.6 将货运集装箱从四角吊起
（Matthias Hamm公司提供）

图4.8 伦敦滑铁卢用于餐厅的一组翻新集装箱

3天内建成了一个体育馆。体育馆由三面集装箱、一面玻璃幕墙组成，3层高的集装箱支撑着大跨度的钢屋顶桁架，里面包含更衣室、观景厅和厕所。这种设计的一个重要特点，是整个建筑可以根据学校未来的需求进行移动。已完成的建筑的外部和内部视图如图4.9所示。

*Freitag Individual Recycled Freeway*是位于苏黎世的一家26m高的概念商店，由17个海运集装箱建成。塔楼由一个同样使用集装箱的模块化楼梯组成。还有一个完全由玻璃构成的入口区域。虽然是临时建筑，但这家店的使用寿命超过预期的10年。在住宅建筑中使用集装箱单元的一个早期例子，是在荷兰代尔夫特（Delft）的一个3层学生宿舍，如图4.10所示。

德国科隆的一家剧院，更衣室和办公室后部都是使用便携式和临时模块建造的，侧视图如图4.11所示。剧院由钢管拱和柔性膜屋顶覆盖，因此从理论上讲，整个建筑可以在未来重新配置或拆除和移动。这是模块化系统的潜在好处之一。

使用集装箱的另一个很好的例子是Verbus系统，该系统已用于酒店，如伦敦西部乌克斯桥（Uxbridge）的一家9层酒店，如图4.12所示。

图4.9 利用集装箱支撑屋顶的新体育馆和健身房（SCABEL建筑事务所设计）

图4.10　荷兰代尔夫特使用集装箱建造的学生宿舍

图4.11　科隆音乐穹顶剧场，剧场后部采用模块化单元

图4.12 伦敦西部乌克斯桥的酒店使用海运集装箱建造
（Verbus公司提供）

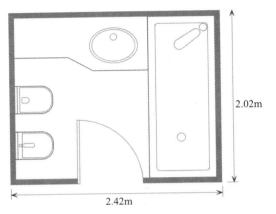

图4.13 典型的整体卫浴平面图

4.3 整体卫浴

卫浴模块是一种非承重模块单元，具有很高的应用性。它们通常作为浴室和厨房或两者的组合来制造，由各种材料制成，如玻璃钢（GRP）、聚酯纤维、热塑性塑料、预制混凝土、钢板或轻钢框架，表面铺设航海级复合板、纤维增强水泥板或类似材料。整体卫浴的典型布局如图4.13所示，外部尺寸一般为2.02m×2.42m。这类浴室通常由专业制造商生产，需要符合一系列标准设计。制造商也可以为相对较大的需求量身定制整体卫浴。图4.14举例说明了可以实现的高质量精加工。

混凝土卫浴模块结构坚固，但相对较重。轻钢结构吊舱提供了一种重量较轻的解决方案，并且在尺寸和用途上满足刚度要求。如图4.15所示，轻钢浴室模块可作为结构构件与轻钢框架结合使用。Elements Europe公司开发了Strucpod系统，该系统使

图4.14 模块化浴室内视图
（Caledonian Modular公司提供）

用浴室模块作为承重结构的一部分。正在吊装的浴室模块如图4.16所示。

GRP卫浴模块重量很轻，具有水密性，但结构刚度较低。图4.17就是一个例子。无地板模块最大限度地减小了结构厚度，避免了"叠加"浴室模块的问题。

用于卫生间和厨房的专业模块通常安装在教育和医疗建筑、商业建筑和酒店的传统

图4.15 轻钢承重浴室模块

图4.16 模块化浴室装置的安装（Elements Europe公司提供）

图4.17 安装在轻钢地板上的PVC整体卫浴
（Offsite Solutions公司和Metek公司提供）

混凝土或刚架结构内。自20世纪80年代中期以来，市中心的商业建筑中就开始使用大型浴室或者卫生间单元。

整体卫浴用起重机吊至所需高度的折叠式起落平台上，或吊至从楼层结构悬臂伸出的地面龙门架起重机上。起重机平台也可将整体卫浴从地面吊起，然后使用托盘车或制造商提供的特殊轮子组件，将整体卫浴从吊装区移至预定位置。使用金属垫片或垫板调平。吊舱的排水系统与主建筑设施的排水系统相连接。

4.4 特殊形式的模块化建筑

模块通常是为专业应用而设计的，例如：

- 电梯和楼梯；
- 阳台；
- 展览空间；
- 屋顶扩建；
- 微型生活空间。

楼梯模块的顶部和底部可以部分开放，如图4.18所示。在这种情况下，上层楼梯突出于顶棚，与上面模块的地板持平。另外，楼梯模块也可以设计成刚性焊接框架，通常使用方矩管，如图4.19所示。该模块用于现有建筑的屋顶扩建，如图4.24和图4.25所示。楼梯模块的详细介绍见第14章。

专业模块可用于展览建筑，如图4.20所示，这是为伦敦的一个住宅开发商制造的钢和玻璃模块。这个设计避开了密斯·凡·德·罗的范斯沃斯住宅。它由300mm厚的轻型C型钢段组成，由200mm厚

图4.18 带转角支柱楼梯模块（Kingspan Steel Building Solutions公司提供）

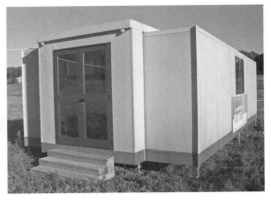

图4.21 用于救灾的拓展式模块（意大利罗马CSM公司提供）

图4.19 正在吊装到位的使用焊接RHS构件的楼梯模块（Powerwall公司提供）

的双C型钢支撑，位于模块角的内部。三个模块组成了一个开放式的单层展览空间。

意大利开发的拓展式模块主要用于救灾。该模块可在2m宽道路上运输，然后通过齿轮和轨道系统侧向延伸，创建一个3.6m宽的房间室内走廊空间和延伸侧的设备宽度为1.8m。模块长6m，有可伸缩的支腿，可用于各种地面，如图4.21中所示。

微型紧凑型（Microcompact）住宅是由慕尼黑工业大学提出的一个概念。案例研究中显示，这是一个为单人生活设计的2.6m的立方体。另一个系统是阁楼立方体，这是一个模块化的系统，旨在提升到平屋顶上。

4.5 翻新中的模块单元

模块化设备通常用于翻新项目，通过横向或纵向延伸建筑物来提供新的空间。模块化浴室可以从地面堆叠到10层高，并由现有建筑横向支撑。模块之间可以连接新的阳台。图4.22所示为装修中使用的承重浴室单元的示例。

浴室模块可以采用轻质围护，以匹配现有混凝土立面的颜色。如图4.23和图4.24所示，模块可以放置在现有建筑的屋顶或结构

图4.20 用于展览空间的模块（Caledonian Modular公司提供）

图4.22　建筑翻新中使用的模块化浴室（Ruukki公司提供）

图4.23　在哥本哈根的建筑改造中使用的模块化屋顶单元，展示了一个模块被提升到适当的位置

墙上，并用于创建屋顶延伸，屋顶模块还包括一个倾斜的屋顶。这样，屋顶扩建的周期可以从几个月大幅减少到几天。

还可以提供模块化形式的新外部楼梯，以进入新的屋顶楼层。外部模块化电梯的使用如图4.25所示。

图4.24　屋顶组件的安装和伦敦西部20世纪60年代住宅区的翻新完工（Powerwall公司提供）

图4.25　赫尔辛基大楼翻新工程中使用的4层组合式电梯（NEAPO公司提供）

4.6　通道核心筒

Corefast是一种特殊形式的钢制模块，可以以二维和三维两种形式制造，以在多层建筑中设置核心筒。双层钢板可以预制并安装为1层或2层高的构件，如图4.26左图所示。然后填充混凝土，以在风荷载下提供复合作用和耐火性。一个完整的模块化核心筒如图4.26右图所示。预制混凝土芯，详见第3章。

图4.26　已运抵现场并安装完毕的Corefast电梯模块（Tata Steel公司提供）

案例研究11：伦敦西部乌克斯桥集装箱酒店

乌克斯桥酒店外观

2008年8月，在伦敦西部的乌克斯桥市中心开业了欧洲第一家以改装钢制集装箱建造的酒店。9层高的旅行酒店由86个标准的钢制集装箱建造而成。集装箱模块宽2.68m，高3m，外部长12m，其中包括走廊和120间卧室。这些集装箱是作为Verbus系统的一部分交付的，它们在中国深圳被改装并配备了酒店的标准设备和家具，然后被运往英国。

该区域紧邻乌克斯桥的主公交车站，如果不使用模块化结构，很难在工地上建造一家酒店。86个集装箱模块的安装仅用了20天，确保了对当地的干扰降到最低。酒店采用了两种不同尺寸的集装箱模块，建造了5m×3m的双人间和3.5m×6m的家庭房，以及为残疾人提供的房间。

集装箱模块由高强度耐腐蚀钢制成，墙壁、地板和屋顶结构经过隔热处理，具有良好的隔声和隔热性能。这些模块被设计成几种构造并进行堆叠。可用的尺寸允许设计者连接或嵌套模块，并提供结构的稳定性。目前集装箱模块的使用可达到16层。

由此产生的结构为外部和公共空间提供了支持，如围护、屋顶系统、楼梯井、走廊、阳台和入口区域。标准连接系统允许互连的部件与基础、围护系统、屋顶、阳台和走廊单元连接。

对于拥有超过200间客房的中型酒店，Verbus声称其模块系统比传统建筑系统成本便宜20%，速度快50%。上面显示了用于创建两个房间的酒店模块的容器的内部区域。希思罗机场和沃明斯特的酒店也使用这个系统建造。

案例研究12：屋顶扩建中的模块化设备

已竣工的建筑及其屋顶扩建部分

现有混凝土面板建筑

现有建筑的屋顶扩建是模块化建筑的一个重要应用领域。位于伦敦西部Shepherds Bush的Du Cane路的一系列20世纪60年代的预制混凝土建筑翻新工程，就是一个很好的例子。该地块位于主干道和皮卡迪利（Piccadilly）地铁线之间，对面是玛丽王后医院，因此没有空间进行放置建筑材料或从道路上卸货。

项目包括翻新现有的五栋3层高的Bison混凝土板式建筑。每栋楼都有一个中央楼梯和通往两翼的平台。客户Du Cane住房协会希望尽量减少对居民的干扰，并确保每次只翻新一栋楼。承包商Apollo Property Services Group选择了模块化建筑，因为它可以将建筑过程的影响降至最低，并减少劳动密集型的现场工作、材料的处理和存储。

每栋建筑的新楼层由20个屋顶模块组成，有一居室和两居室两种配置。这些模块通常长9m，宽3.5m，沿建筑轴线布置。一个模块构成新楼层的正面，一个模块构成新楼层的背面，因此窗户和门嵌入了每个模块的一侧。预制的钢制阳台在吊装就位前在现场安装到模块上。

模块包括70mm厚的墙体C形截面和150mm厚的地板托梁和屋顶截面。模块的设计旨在提供高水平的隔热和隔声效果，以满足《英国可持续住宅规范》第4级的要求。两个模块组成了一个一居室公寓，建筑面积56m²，符合终身住宅标准。一对较长的模块组成了建筑面积65m²的两居室公寓。两个填充区块使用承重模块建造，包括双模块形式的三居室单元。

组件的安装速度为每天8块，一个街区的屋顶组件在连续的几周内分两天安装完毕。由44个组件组成的填充区块仅用3周就安装完毕。每个组件重约8t。根据计算，在这种相对较轻的荷载下，现有结构和地基所承受的额外荷载不到现有建筑的10%，因此无须对预制混凝土结构进行加固就可支撑起新的楼层。

该项目总价值1050万英镑，包括对现有五个街区的112套公寓进行全面翻修，使其达到现代标准和节能要求。总共建造了44套新公寓，由150个模块组成，使该项目成为目前已知的在翻新或建筑扩建中使用模块建筑最多的项目。

案例研究13：微型紧凑型住宅，奥地利和德国

慕尼黑的微型紧凑型住宅

使用微型紧凑型住宅的树状概念

微型紧凑型住宅（m-ch）是供一人或两人居住的轻型紧凑型住宅，由建筑师Richard Hordern开发。其2.66m立方体的紧凑尺寸使其能够适应各种场所和环境，比如睡眠、工作/用餐、烹饪和卫生空间的日常使用。m-ch以航空和汽车设计为灵感，在奥地利的生产中心制造，可根据项目要求提供个性化的图案和内饰。

m-ch采用木框架结构，外部覆有阳极氧化铝，用聚氨酯隔热，安装有铝框双层玻璃窗和带安全锁的前门。m-ch模块可以垂直堆叠，并围绕共同的外部楼梯通道集中在一起。一个m-ch单元重2.2t，内部功能包括：

- 两张紧凑型双人床；
- 一张1.05m×0.65m的滑桌，用于用餐；
- 淋浴和卫生隔间；
- 厨房。

一个开放式核心空间包含中央电梯井和楼梯，周围有30个m-ch模块。这些住宅由内部的垂直服务"芦苇"环供应水电。m-ch围绕核心区布置，最大限度地提高了空间的透明度和开放性，让自然渗透到空间中。

m-ch模块可在欧洲和美国购买交付，指导价格为38000欧元起，其中包括铝制底架、楼梯、栏杆以及内部配件。该价格还取决于现场条件，不包括送货、安装、基础、连接服务、顾问费和税费。m-ch交货期平均为订单后8~10周。

2005年，由国际电信公司德国O2赞助，在慕尼黑工业大学建造了一个由7个m-ch组成的村落。此外，还计划建造一个15m高的树层村，占地面积12m²，以适应树木林立的高大成熟景观。它的结构是由一组垂直的小型钢柱或芦苇组成的。

第5章

模块化建筑规划导论

使用模块化结构进行建筑设计时，建筑空间的需求和功能与类似尺寸模块的经济适用性之间存在着复杂的统筹关系。模块化建筑是一门新的学科，这门学科的基础是大型建筑模块的使用，而不是设计人员所熟悉的骨架或平面构件。经过优化的模块化系统应允许内部组织的灵活性，但必须在组件标准化和制造效率方面保留非现场制造的规范。

5.1　一般原则

在使用模块化单元设计建筑时，应遵循某些一般原则，这些原则也适用于使用其他建造形式的建筑。包括走廊和连通区域的楼板、楼梯、主要服务设施、围护和屋顶。这些原则是：

- 考虑四面体模块是否满足空间和功能要求，或者是否需要开放式模块来实现更有效的空间利用；
- 在设计建筑布局时，尽可能地使用相同的模块大小和尺寸。模块结构的承重能力可以变化，同时保持相同的外部几何形状；
- 选择模块尺寸时应考虑运输、连接和安装限制。在运输方面，模块的最大宽度通常为4.2m，但模块长度可达16m（见第17章）；

- 考虑如何通过单独使用模块组，或结合额外的支撑。对于高层建筑，则通过使用混凝土或钢结构核心来稳定建筑物；
- 预装模块内的设施和设备，并考虑如何从模块外部连接这些设施，以及如何在建筑内分配；
- 考虑由一组模块提供的自由安全策略和有效的防火分隔。使用两层石膏板的模块可实现90min的耐火时间；
- 考虑使用何种围护系统，以及如何将其与模块连接起来。考虑模块之间的接缝是作为建筑概念的一部分加以强调还是隐藏。

模块化建筑概念在设计阶段考虑的平面形式可分为以下几种类型。

5.2　走廊式建筑

如图5.1（a）所示，最常用的模块化建筑系统由四面体模块组成的线性组件，这些模块放置在中央走廊的两侧，这种布置方式非常适合酒店、学生公寓等。从结构角度看，模块侧墙可有效抵御前后外墙的风力，而山墙顶部的风力则由穿孔较多的外墙抵御，因此外墙较薄弱。这表明，更好的结构体系，建筑物的长度应大于厚度。表5.1

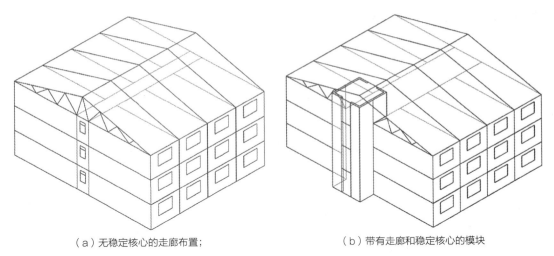

（a）无稳定核心的走廊布置；　　　　　　　　　　（b）带有走廊和稳定核心的模块

图5.1　采用模块组的走廊式建筑形式

列出了一组模块数量与建筑高度之间的简单关系。

走廊式建筑前标高所需的
最小模块数量　　　　　表5.1

建筑高度 （层数）	最小数量的 模块前立面	需要单独的 稳定系统
$N_s=3$	5	否
$N_s=4$	7	否
$N_s=5$	9	否
$N_s=6$	11	可能
$N_s=7$	12	可能
$N_s=8$	12	是

走廊式模块化建筑的最大高度取决于特定的系统和风力，但5~7层被认为是没有额外支撑的模块化建筑的极限高度。如图5.1（b）所示，可在楼梯周围采用混凝土核心筒或钢支撑等形式的额外稳定系统。在这种情况下，楼高可达25层，具体取决于平面形式

和所使用的特定模块系统。通常有必要加强荷载最大的低层模块结构，同时保持各层模块外部几何形状相同。

图5.2所示的是一座12层的走廊式模块建筑，作为学生公寓与底层商业空间混合使用。6~10层的模块支撑在2层的钢框架裙楼结构上。400个标准卧室模块的外部宽度为2.7m，但约有100个模块成对组合成两个房间的高级工作室。厨房模块的外部宽度为3.6m。

在学生公寓中，5个模块化卧室和1个公用厨房模块，通过1条双走廊连接，双走廊具有隔声和防火功能，因此由6个模块组成的建筑群实际上是一间公寓。在这座建筑中，四个钢核芯筒提供了稳定性，一些模块被放置在钢芯中（图5.3）。

首层的钢结构支撑在设计上使梁与模块的承重墙对齐。支柱通常按6~8m的柱网排列，以支撑上面的成对模块，从而有效利用下面的办公空间。第10章将详细介绍这种结构。

图5.2　位于布里斯托尔邦德街的12层模块化学生公寓
（Unite Modular Solutions公司提供）

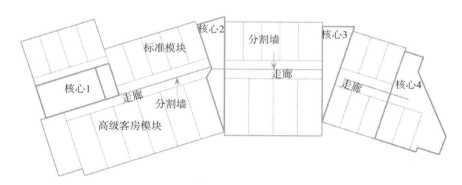

图5.3　布里斯托尔邦德街的模块建筑平面图，显示双走廊布局及核心位置

5.3　外部通道建筑

5.3.1　2层和3层住宅

2层和3层联排别墅的设计可由二三或四个模块组成，在一层设有出入口，并设有独立楼梯（通常包含在一个单独的楼梯和电梯模块内）或包含在房间模块内的整体楼梯。第6章将探讨这些住宅技术。图5.4举例了一个使用10m长模块建造的3层联排别墅。

5.3.2　多层组合式建筑

在有外部通道的多层建筑中，一个独立的钢结构提供了通往模块的外部走道，该结构可以位于模块线的一侧或两侧。图1.1所示的Murray Grove项目首次采用了这种结构形式，外部走道的设计可抵抗垂直荷载和风力。

单个模块的高度仅限于5层或6层的层高，除非使用如支撑核心筒的其他稳定系统。如图5.5所示，最简单的外部通道结构由模块和管柱支撑，楼梯核心筒提供额外支撑或侧向支撑。在更复杂的系统中，外部钢结构可用于稳定模块。

模块也可以纵向排列，曼彻斯特的Moho项目就是这种情况。该项目采用部分开放式模块设计，外部钢结构过道和阳台被设计成"外骨骼"，以抵御传递在整栋建筑上的风力。图5.6展示了施工过程中的这一安排，其中模块是在钢结构安装完成后才放置的。图1.3为建成后的建筑。

这种技术的改良可用于建造中庭式建筑，其在模块之间设有走廊通道。中庭可以是一个独立的结构，也可以由模块支撑，如图5.7所示，位于赫尔皇家医院（Hull Royal Infirmary）的三层等候区和长廊通道空间。

在这种情况下，走道是模块的一部分，角柱的设计是为了承受额外的通道和中庭屋顶荷载。

5.4　开放式模块化建筑

使用带有角柱和相对较深边梁的模块可以创造出开放式空间。开放式模块的最大纵向跨度通常为12m，但一些制造商也生产出了更大的模块。这种敞开式模块通常用于学校、商业、零售和医疗建筑。带有角柱的模块墙体是非承重的，除非它们有助于在横向荷载下保持稳定。可以采用中间支柱来尽量减少边梁的厚度。在开放式空间中使用时，一组模块的角柱会形成一个较大的支柱。这种结构形式可用于任何模块排列，但高度有限，除非在建筑平面图的关键位置战略性地设置核心筒或支撑墙。水平力通过模块之间

图5.4　特威肯汉姆的联排住宅（Futureform公司提供）

图5.5 一组模块的后视图，其外部访问结构由中间支柱支撑（Caledonian Modular公司提供）

图5.6 由结构框架支撑的角和中间支柱的开放式模块
（Yorkon公司和Joule Engineers公司提供）

的连接以及地板和顶棚的剪力墙作用，传递到垂直支撑或核心筒。如图5.8所示，如果模块的长度是宽度的倍数，则安装模块时可在角柱处进行重新定向。

学校需要开放式的教室空间。例如，三个3m宽、9m长的开放式模块可形成一个9m×9m的教室。在Yorkon系统中，三个3.75m宽、16.5m长的开放式模块可以有效组成两个教室、一个整体走廊或衣帽间和一个储藏室。在某些系统中，可在整体走廊线上设置一个中间支柱，以减少开放式模块中边梁的跨度。

图5.7 开放式模块，用于在赫尔皇家医院创建人行道和中庭结构（Portakabin公司提供）

图5.8 在医院大楼中使用的开放式模块（Yorkon公司提供）

5.5　高层模块化建筑

模块化结构通常用于高度不超过10层、有多个类似房间的建筑，这些房间的墙体既能承重，又能抵抗风力作用下的剪力。最近，通过使用额外的混凝土核心筒或结构框架来抵抗风荷载，并为模块组提供稳定性，已经可以建造25层的模块化建筑。因此，模块的设计可以承载整个建筑物上的累积垂直荷载，但不能抵抗水平力。

其中一种技术是将模块集中在一个混凝土核心筒周围，核心筒内有楼梯和电梯，这样模块上的风力就会水平转移到核心筒的墙壁上。图5.9所示的伦敦西部Paragon大型住宅项目就采用了这一概念，这是第一个采用模块化建筑的高层建筑（Cartz和Crosby，2007年）。在该项目中，模块是用角柱建造

的，在较低楼层，通过使用外部宽度相同但厚度增加的方形空心型材SHS来增大角柱的尺寸。其他高层模块建筑已在伦敦北部和伍尔弗汉普顿建成，如图1.6和图1.18所示。

在放置模块的同时，可通过滑模或跳模建造混凝土核心筒。这加快了施工进度，尽管模块单元的垂直安装速度要比核心筒快得多。钢板被浇筑到核心筒中，这样模块就可以与这些钢板连接（通常是通过焊接），以传递所需的侧向力。

只要将风荷载转移到混凝土核心筒上，建筑外形就可以横向拉长。要做到这一点，可以在走廊内使用平面桁架，或考虑模块之间的结构连接以及模块与核心筒的连接。第6章将介绍模块围绕核心筒的各种高层建筑的形式。

图5.9　正在施工和竣工的由混凝土核心筒加固的模块化建筑（Caledonian Modular公司提供）

5.6 模块化建筑的设计尺寸

在建筑设计中，影响模块化系统尺寸设计的因素可归纳如下：

- 建筑形式，受其对出入口、交通和公共空间要求的影响；
- 内部配置（如厨房设备）的规划网格；
- 运输要求，包括出入口和安装；
- 与围护外部尺寸（如砖的尺寸）一致；
- 有效利用空间，影响地面和墙面宽度。

规划网格取决于建筑物的用途，以下内部设计尺寸被广泛使用：

- 办公室：1500mm；
- 医院/学校：1200mm；
- 住宅：600mm。

纵向和横向尺寸一般以300mm为标准单位，纵向尺寸则减至150mm作为第二级单位。一些供应商开发了自己的模块规划网格，以便在不同应用中组合模块使用。例如Yorkon系统基于3.75m×（7.5 ~ 18.75m）的配置，可将模块在3.75m的规划网格上重新定位。可用于模块化建筑概念设计的几何标准，大致基于以下尺寸：

- 内部分隔墙和外墙的墙宽为300mm；
- 组合式和混合式建筑系统的楼板和顶棚组合高度为450mm；
- 角支撑模块的地板厚度为600 ~ 750mm；
- 内部设计尺寸以600mm为基准（因此模块内部宽度最好3m或3.6m）；
- 住宅建筑的地板-顶棚高度为2.4m，商业、医疗卫生或教育建筑的地板-顶棚高度为2.7m或3m。

在住宅项目中，地板到顶棚的高度为2400mm，与石膏板的尺寸一致。在学校、保健中心和商业建筑中，内墙高度要高出300mm或600mm。

房间的宽度和长度更多地取决于空间的用途。常用的内部模块宽度如下：

- 书房卧室：2.5 ~ 2.7m；
- 学校（开放式模块）：3m；
- 酒店、社会保障住房：3.3 ~ 3.6m；
- 公寓、办公室：3.6m；
- 卫生医疗建筑：3.6 ~ 4m。

然而，实际宽度可能会有所不同，这取决于特定场地建筑空间的有效利用，因此上述内部尺寸仅供参考。运输条件也会影响最终的模块尺寸。模块长度可按更大的增量设计（如600mm），以下为长度的应用：

- 书房卧室和酒店：5.4 ~ 6m；
- 公寓、社会保障住房：7.5 ~ 9m；
- 小学：8.4m；
- 中学：9 ~ 12m；
- 办公室：6 ~ 12m；
- 超市、卫生医疗建筑：10 ~ 12m。

随着客户对更大模块的需求，模块尺寸也在不断增加，尤其是在教育、医疗和零售行业。对于运输来说，模块的宽度通常比长度重要，除非场地进出困难。不过，开放式模块边缘构件的跨度越长，整体楼层高度就越大。

5.7 结构区域

5.7.1 内墙

模块化系统中一组内墙的厚度可设计为300mm，其中包括各种木板和隔热材料［图5.10（a）］。墙壁之间的间隙是一个变量，取决于木板的数量和厚度以及墙柱的尺寸。大多数模块化系统的墙体尺寸为250～300mm，因此在实际中可以达到300mm的设计尺寸。

5.7.2 外墙

外墙尺寸根据围护材料的类型而定。对于大多数类型的围护材料，外墙的总宽度可定为300mm，具体取决于模块外部使用的隔热材料的数量。实际的墙壁宽度会有所不同，隔热墙壁宽度为230mm，雨幕墙壁宽度为300mm，砖砌墙壁宽度为380mm。

砖砌体的设计基于长度为225mm，厚度为75mm。因此，在模块化建筑中，必须将楼板到地面的总高度设计为75mm的倍数，以避免砖的排列不符合标准。150mm或300mm倍数的层到层高度显然能满足这一要求。水平砖砌体宽度为225mm的倍数，在模块宽度和窗户尺寸方面都较难实现。

外部模块宽度为3600mm（考虑到模块间隙），可与普通外墙的砖砌方式配合使用，但在墙角和砖砌回廊等处仍存在问题。在建筑物的拐角处使用可变宽度的空腔可以克服这些尺寸限制，但这需要在这些位置使用较长的砖砌拉杆。

其他类型的围护，如黏土瓦或金属板，有其自身的尺寸要求，但一般都可以设计和加工，可以适配在窗户周围和拐角处等。许多类型的轻质围护可以预装在模块上，但如果这样做，通常需要在现场在模块之间的接缝处安装一个盖板，以留出几何公差。

5.7.3 楼板

模块化建筑的地板和顶棚比传统建筑要深。前面提到的三种结构情况需要不同的顶棚-地板总尺寸来进行规划，具体如下：

- 连续支撑模块：300～450mm；
- 转角支撑模块：600～750mm；
- 框架支撑模块：750～900mm。

如图5.10（b）（Lawson，2007年）所示，大多数情况下，可将450mm作为地板和顶棚的组合尺寸标准。不过，许多模块化系统

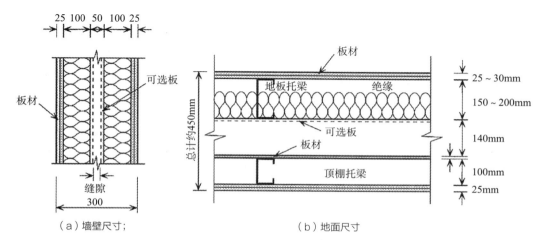

（a）墙壁尺寸；　　　　　　　　　　　　　　（b）地面尺寸

图5.10 用于模块化建筑规划的墙面和地面尺寸

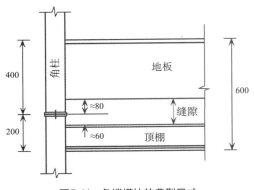

图5.11 角撑模块的典型尺寸

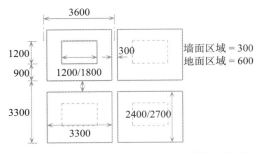

图5.12 用于建筑设计规划的标准化模块尺寸汇总

的尺寸较小，在一些与砖砌层相一致的系统中，300mm或375mm的楼板和顶棚组合区域是可行的。

图5.11展示了转角支撑模块的细节。在这种情况下，根据边缘构件的长度，在规划时可采用600mm的地板和顶棚组合厚度。地板和顶棚之间的间隙是一个变量，取决于地板和顶棚次梁的尺寸，最小间隙通常为20mm。

模块布局的典型设计尺寸如图5.12所示。模块的实际外部尺寸将小于这些设计尺寸，以留出模块之间的间隙。门窗也可采用标准的常规尺寸。

5.8 开放式建筑

根据能力和机构建设（CIB）第104工

作组定义，开放式建筑的目的是在最初设计和将来用途变更时，实现内部规划和设施配置的灵活性。虽然在模块化建筑中，设计的高度灵活性必须与制造要求相平衡，但还是有可能提供一个基于楼层网格位置的建筑系统，其中模块的方向和尺寸可以变化，以提供灵活的空间使用。

通过将建筑中价值较高的部分作为模块化单元来制造，模块化的应用可以得到优化，而开放式空间则使用平面或骨架构件来建造。这样，厨房和卫生间等服务性空间就可以使用模块。第10章将对此进行进一步探讨。

图5.13展示了使用基于3.6m、3.75m或3.9m网格的内部支柱来创建开放式建筑的模块布局。立柱可采用热轧角钢或SHS（通常100mm×100mm）的形式，组合成内部支柱。为优化内部空间的利用，模块可采用部分开放式侧面。

平面图显示了模块的可能方向，假定设置了中间支柱，则部分敞开式模块的边缘构件的自由跨度为3.6m。阳台可安装在SHS角柱或边柱上。非承重墙可安装在平面图的任何位置。

如图5.13所示，在这一概念中，模块的长度最好是其宽度的2倍或3倍（因此，3.75m网格的模块长度应为7.5m或11.25m），以便于模块的方向调整。模块方位变化处的支柱群可在现场"框出"。对于4层以上的建筑，建议采用SHS柱，因为在一个或两个方向没有墙体支撑的情况下，SHS柱的抗压性更为稳定。

这种开放式建筑方法在一个瑞典项目，"Open House"（Lessing，2004年）中得到了应用。在该项目中，模块由100mm×100mm的SHS柱子支撑，这些柱子放置在3.9m的网格上。如图5.14所示，柱子位于模块外部，而非模块的一部分。模块的四角被嵌入，

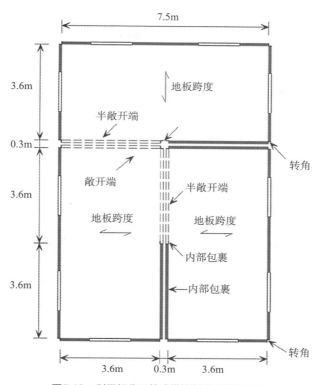

图5.13 利用部分开放式模块创建可扩展空间

图5.14 瑞典马尔默（Malmo）已竣工的模块化住宅（Open House AB公司提供）

以便与SHS柱结合在一起。利用3.9m的网格，可以调整模块在柱子位置上的方向。阳台、楼梯和其他设施都可以安装在柱子上。

图5.15所示为位于马尔默的一栋采用该系统的4层住宅楼。

图5.15　在SHS柱周围安装带凹角的模块
（Open House AB公司提供）

案例研究14：伦敦高层公寓和学生公寓

伦敦西部已竣工的11层学生公寓
（Caledonian Modular公司提供）

在下层安装双层模块

开发商Berkeley First为其位于伦敦西部布伦特福德（Brentford）的Paragon公司的骨干和初入职员工建造的住宅项目，选择了模块化建筑，因为该项目施工周期短，仅为22个月，而且最大限度地减少了现场的运输问题。该项目耗资2600万英镑，为员工和西伦敦大学（University of West London）的学生提供一居室和两居室的住房。这座17层的建筑于2006年9月竣工。该建筑位于M4高速公路、当地住宅和一所学校之间，为材料的运送和储存带来困难，而模块化建筑则解决了这一问题。

在该项目中，通过使用混凝土核心筒，将模块化建筑的设计范围扩大到第17层，从而保证了建筑的整体稳定性。这样，模块在设计上只能通过角柱抵抗垂直荷载，而风荷载则被传递到核心筒上。模块通过固定在混凝土浇筑槽上的角钢与混凝土核心筒相连。滑模核心筒的施工在模块安装之前完成。某些情况，模块被安装在一个钢制平台上，以便下面的车辆能够进入地下区域。

该项目包括6栋独立的建筑，分别为4层、5层、7层、12层和17层。Caledonian Modular公司生产了各种类型的模块，其中许多模块带有开放式侧面和整体走廊。该项目的模块总数为827个，其中17层楼的建筑由413个模块组成。共提供了600个套间学生公寓、114个套间单间、44个一居室和63个两居室主要工人公寓。模块的典型尺寸为12m×2.8m，但也有一些模块宽达4.2m。

根据建筑高度不同，模块四角使用厚度不等的80mm×80mm SHS或160mm×80mm RHS型材。这些支柱位于轻钢墙内。地板和顶棚的总厚度为400mm，墙壁的总宽度为290mm。这两种材料都能降低空气中超过60dB的噪声，耐火时间长达120min。

边梁在地板上使用了200mm×90mm的平行法兰槽钢（PFC），在顶棚上使用了140mm×70mm的PFC，从而设计出跨度达6m的半开放式模块。一居室或两居室公寓由两个或三个模块组成，每个模块的建筑面积为35～55m^2。长模块包括走廊，这加快了施工进度。

案例研究15：曼彻斯特带整体阳台的私人公寓

阳台和封闭空间的外部景观MOHO大楼

安装带有三个大天窗的模块（Yorkon公司提供）

开发商Urban Splash的一栋7层公寓楼名为MoHo（模块化住宅的简称），是英国第一栋只用于出售而非社会性出租的模块化建筑。这座U形建筑位于曼彻斯特的卡斯尔菲尔德区（Castlefield area）。它由6层住宅楼和1层商业零售楼面以及2层地下停车场组成。102套公寓分为一居室和两居室，每套公寓都有独立的封闭阳台、卫生间和厨房。

建筑师ShedKM、模块专家Yorkon和结构工程师Joule进行了一种新颖的设计，即模块平行而非垂直于外墙排列，并利用中间支柱建造一个开放的侧面。阳台和通道首先作为传统钢结构框架建造，为建筑提供稳定性，所有水平荷载都通过模块连接转移到外部钢结构上。通过这种方式，模块可以设计成部分或完全开放式，从而增强了模块的"通透感"。居住空间还可以延伸到封闭的阳台。

公寓面积从38～54m²不等，不包括阳台。公寓的布局形式多样，采用与建筑外墙平行的模块。模块的外部尺寸为4.1m×9.1m，模块由一根或两根100mm见方的空心型材中间支柱组成。两个模块组成了两居室单元，所有单元的侧墙都是全玻璃的。

最大的公寓长12.1m，是因为在基本模块的基础上增加了第二个卧室模块。厨房和卫生间作为内部分隔空间或设施而制造。通过使用延伸至封闭阳台的用餐舱和内部入口大堂舱，增加了房间空间。

荷载通过模块的角柱和中间方柱传递到转移结构。阳台和通道的外部结构在建造时仔细确定了X形支撑的位置，框架与模块的角部相连，以便在模块之间传递荷载。Yorkon模块的安装仅用了5周，钢架外骨骼的安装速度为每天6个。模块"及时"交付，以适应当地的交通条件。包括地下停车场在内的竣工建筑成本为1330英镑/m²。整个项目施工期为17个月，节省了7个月。

案例研究16：都柏林模块化公寓和家庭办公室

在混凝土平台上安装模块

客厅内景

Allegro是都柏林桑迪福德（Sandyford）的一个住宅项目，由建筑师HKR设计，Fleming集团作为开发承包商。该项目基于"生活、工作、娱乐"的现代理念，采用了Vision的模块化建筑系统，1515个模块为错落有致的5~10层建筑提供了阳台和屋顶露台。

A区由224套公寓组成，有一居室、两居室和三居室。一居室公寓使用两个模块，两居室公寓使用三个模块，三居室公寓使用四个模块。共用走廊也采用模块化设计。一层的家庭办公公寓使用四或五个模块，其中两个模块用于办公。

这种不规则的平面形式是通过沿长度方向偏移的模块以及非矩形模块的加工来实现的。一些模块的侧面部分是开放的，这样就可以创造出更大的房间和走廊空间。A区共730个模块在短短20周内完成了混凝土核心筒的安装。

建筑由钢筋混凝土裙房支撑，裙房上有2层地下停车场。外部围护采用花岗石板材，固定在马蹄形建筑的外立面墙壁上。

模块支撑外加荷载和外部围护，但整体稳定性由混凝土电梯/楼梯核心筒提供。

Vision模块化系统包括由平行法兰槽钢（PFC）截面支撑的混凝土地板。墙壁采用60mm×60mm的SHS，中心距为600mm，用于支撑9层模块。部分开放式模块利用了楼板中PFC边梁固有的跨度能力。地板和墙壁还达到了120min的防火等级，这对于该项目来说是必不可少的。

一层模块提供办公空间，所有公寓都有私人阳台，阳台由独立的钢结构框架建成，但由模块支撑。三居室配置使用了四个模块，可直接从公共楼梯进入。模块宽度为3.3~4.2m不等，长度为6~11m不等。所有两居室和三居室公寓都配有主卫生间和套房卫生间。单元的内部高度一般为2.45m，底层单元的内部高度增加到3m。

模块运抵现场时，内部已基本完工，大部分设施设备也已到位。与相邻模块的连接以及从模块到楼梯或电梯核心筒的连接均在现场完成。厨房和卫生间的所有固定装置均已安装完毕。

案例研究17：瑞典马尔默Open House系统

位于瑞典南部马尔默的Open House模块化建筑
（Open House AB公司提供）

安装L形模块（Open House AB公司提供）

Open House概念是瑞典开发的一种多层住宅系统，具有相当大的建筑自由度。瑞典南部赫尔辛堡（Helsingborg）和马尔默（Malmo）的两个项目就证明了这一点。Annestad是一个大型开发项目，从2004—2008年共建造了1200套公寓。该项目为中等规模的2.5～5层公寓的街区，由出租公寓和租户自有公寓组成。租金成本约为每年每平方米110欧元，初始市场价格约为每年每平方米1500～1800欧元。

模块围绕6根钢柱布置，并由6根钢柱支撑在3.9m的网格上。4根SHS柱位于模块的四角，两三根位于模块的两侧。模块的内部尺寸为3.6m×7.2m，最大可达11m（即组合墙宽为300mm）。在不改变3.9m基本格栅布置的情况下，模块可从外部立柱悬挑1.7m。安装好的模块重量一般为5～8t。

公寓的大小从一个房间到四个房间外加一个厨房和浴室不等。模块采用错位布置，以形成可变的外立面线条。项目中使用的外墙材料包括砖、木板、隔热灰泥、木材和钢板。许多模块的侧面是开放式的。如上图所示，还生产了一些L形模块。大多数建筑的外墙、屋顶和阳台都是在现场建造的。

模块的墙壁采用开槽的C型钢，辅以矿棉和内外石膏板。外墙的U值为0.15W/（m^2·K），具有很高的保温性能。模块的屋顶和地板采用轻钢型材、矿棉、石膏板和梯形钢板。隔声和防火性能良好。

安装程序首先要求在3.9m的网格上将方矩管柱安装在独立式基础上，然后将带凹角的模块放置在柱子之间并与之连接。这种系统意味着模块可以部分或全部打开，同时保持最小的地板厚度。

参考文献

Cartz, J.P., and Crosby, M. (2007). Building high-rise modular homes. *Structural Engineer*, 85(19).

CIB (International Council for Research and Innovation in Building Construction). *W104: Open building implementation*. www.cibworld.nl.

Lawson, R.M. (2007). *Building design using modular construction*. Steel Construction Institute P348.

Lessing, J. (2004). *Industrial production of apartments with steel frames. A study of the OpenHouse system*. Report 229-4. Swedish Institute of Steel Construction, Stockholm, Sweden.

第6章

住房和居住建筑

模块化住宅和多层住宅建筑的设计，在很大程度上取决于所需的房间大小、空间布局以及使用相似大小的模块单元的可能性。模块化建筑在酒店、学生公寓和军营领域已经非常成熟，在这些领域，整个项目的房间尺寸基本相同，差异通常只是对称性的。在住房和住宅领域，需要更多的灵活性设计，同时又要保持现场制造工艺的规范性。

本章回顾了住房和居住建筑的空间和其他设计要求、并满足英国建筑法规的规范，以及在各种规划形式中使用模块化单元的机会。本章还介绍了模块化单元在高层住宅建筑中的应用。

6.1 住房空间规划

英国住房和住宅建筑空间规划最广泛使用的标准是

1. 《设计与质量标准》（*Design and Quality Standards*）（Housing Corporation，2007年），该标准取代了《计划开发标准》（*Scheme Development Standards*）（2003年）。
2. 《终身住宅》（*Lifetime Homes*）（Joseph Rowntree Foundation，2010年）。
3. 《发展的标准与质量》（*Standards and Quality in Development*）（National Housing Federation，2008年）。

英国住房联盟（NHF）标准规定了不同居住模式的最小房间面积，以及其他空间、能效和性能要求。其他相关要求见《伦敦住房设计指南》（*London Housing Design Guide—Interim*）（伦敦市长，2010年）和由家园与社区机构资助的住房计划的住房质量指标。

这些标准以及"终生住宅"提供的布局符合《建筑规范》（*Building Regulations*）（M级批准文件）对无障碍通道的新要求。符合NHF和《伦敦住房设计指南》布局要求的典型住宅面积和可能需要的模块数量范围为

1间卧室	1人	30~35m²	1个模块
1间卧室	2人	45~50m²	2个模块
2间卧室	3人	57~67m²	3个模块
2间卧室	4人	67~75m²	3个模块
3间卧室	5人	75~85m²	4个模块

表6.1概述了不同入住率下的典型房间面积。

在模块化建筑中，房间的大小取决于模块单元尺寸，模块单元的尺寸应在运输的几何尺寸限制范围内。通常情况下，两个模块组成一个双人公寓，建筑面积约5m²。由于模块化建筑的特点，卧室和起居室的宽度通常相同（内部宽度3~3.6m）。在某些情况下，模块还带有整体走廊、阳台以及部分开

放的侧面，这样就可以设计出更宽敞的起居空间。

一项名为《安全设计》（*Secured by Design*）的倡议涉及住宅开发项目的安全环境设计。在实践中，这意味着门窗必须达到最低安全标准，整个开发项目必须充分利用照明和监控。

6.2 建筑规范（英格兰和威尔士）

英格兰和威尔士的建筑规范通过一系列批准文件提供指导。最近的法规变化引入了更严格的隔热和隔墙隔层和隔墙隔声的要求。苏格兰也有类似的要求和法规。

住宅的典型空间要求　　表6.1

	每套住宅按人数所需的空间（室内面积 m^2）				
房间	1	2	3	4	5
起居室	11	12	13	14	15
起居室/餐厅	13	13	15	16	17.5
厨房	5.5	5.5	5.5	7	7
厨房/餐厅	8	9	11	11	12
主卧室	8	11	11	11	11
双人卧室	—	—	10	10	10
单人卧室	—	—	6.5	6.5	6.5

资料来源：Joseph Rowntree Foundation, Lifetime Homes, 2010.

6.2.1 隔热

《建筑规范》（英格兰和威尔士）批准文件L1（2010年）规定了住房和住宅建筑的隔热要求。为符合法规要求，住宅的二氧化碳排放率（DER）不得超过目标二氧化碳排放率（TER）。DER是根据供暖、照明等所需的能源，减去因使用可再生能源系统而节省的能源计算得出的。

热传导率的主要指标是外围护结构单位面积的U值，其单位是W/（$m^2 \cdot K$）。2010年《建筑规范》降低了允许的最大U值，2013年还将进一步降低。表6.2列出了达到TER所需的目标U值。这些U值不应与规范中给出的后备U值混淆，后备U值更高，是建筑外围护结构中任何给定构件的最大允许值。

在所有类型的建筑施工中，都必须确保"冷桥"不会造成过多的热损失或冷凝风险。如果结构部件穿透建筑围护结构，就会产生冷桥，在这种情况下，需要对局部热损失进行更详细的计算。

气密性也是一个重要参数，因为研究表明，不必要的空气渗透会显著增加热损失。英国的气密性测试是在相对较高的压差（50Pa）下进行的，测试渗透率为10$m^3/m^2/h$，这被认为代表了正常的建筑实践。实际上，正常情况下通过建筑结构的实际空气渗透量仅为测试值的5%左右。

建筑规范中房屋建筑外围护结构目标U值的变化情况（2006～2013年）　表6.2

	U值 [W/（$m^2 \cdot K$）]		
要素	2006年条例	2010年条例	2013年条例（计划）
外墙	0.30（天然气取暖）	0.25（天然气取暖）	0.20（天然气取暖）
	0.25（电取暖）	0.20（电取暖）	0.15（电取暖）
一层	0.22	0.20	0.20
屋顶（斜面）	0.16	0.15	0.15

与类似的现场建造的建筑相比，模块化单元的气密性更好，部分原因是使用了基层板以及内外板之间的密封接缝。如果需要，还可以在模块制造过程中引入薄膜。通常情况下，模块的气密性可达到$2 \sim 3m^3/m^2/h$。

要使轻钢和木质模块建筑的U值达到$0.2W/(m^2 \cdot K)$，必须在柱间铺设100mm的隔热材料（通常采用矿棉），并在框架外铺设最多80mm的闭孔隔热板（有关现代围护系统隔热层的指导信息，见第14章）。

6.2.2 未来的条例

零碳中心（Zero Carbon Hub，ZCH）的一份报告《为新住宅制定建筑围护结构能效标准》（*Defining a Fabric Energy Efficiency Standard for New Homes*）（2007年）提出了一系列解决方案，与2006年的《建筑规范》相比，可使建筑物的供暖能耗减少25%～30%。相当于中层住宅和公寓的最大空间供暖需求为每年$39W/m^2$，半独立式或完全独立式或联排式住宅末尾一栋为每年$46W/m^2$，这反映了其每平方米有较高的热量散失。

建筑结构的优化规格是基于最低资本成本减去60年节能的净现值（基于能源成本每年2.5%的实际增长加估算）。表6.3列出了ZCH为新建筑提出的建筑结构目标规格，以达到空间供热要求。表中还列出了等效的被动房规划要求。热桥参数y考虑了所有热桥的累积热损失，并与建筑结构（即外墙、屋顶和地面）的热损失相加。建议的建筑围护结构透气性为$3m^3/m^2/h$，大大优于现行规定，并且可以在模块化建筑中实现。在这种气密性水平的房屋中，需要安装机械通风和热回收（MVHR）系统，以保持空气质量并减少能源损失。MVHR装置通常安装在屋顶空间，但也可以内置在模块单元。

相对于现行做法，实现节能25%～30%所需的热特性（ZCH）　　　　表6.3

热能参数	房屋类型		
	除独立式房屋外的所有房屋类型	独立式	被动房屋
外墙U值	$0.18W/(m^2 \cdot K)$	$0.18W/(m^2 \cdot K)$	$0.10 \sim 0.15W/(m^2 \cdot K)$
一层U值	$0.18W/(m^2 \cdot K)$	$0.14W/(m^2 \cdot K)$	$0.10W/(m^2 \cdot K)$
屋顶U值	$0.13W/(m^2 \cdot K)$	$0.11W/(m^2 \cdot K)$	$0.10W/(m^2 \cdot K)$
视窗U值	$1.4W/(m^2 \cdot K)$	$1.3W/(m^2 \cdot K)$	$0.8W/(m^2 \cdot K)$
门U值	$1.2W/(m^2 \cdot K)$	$1.2W/(m^2 \cdot K)$	$0.8W/(m^2 \cdot K)$
热传导参数，y	$0.05W/(m^2 \cdot K)$	$0.04W/(m^2 \cdot K)$	$0.04W/(m^2 \cdot K)$
气密性	$3m^3/m^2/h$	$3m^3/m^2/h$	$0.5m^3/m^2/h$

资料来源：Zero Carbon Hub, Defining a Fabric Energy Efficiency Standard for New Homes, 2009, http://www.zerocarbonhub.org.

6.2.3 消防安全

模块化住宅建筑通常具有相对较高的容积率，其单元性质意味着必须考虑模块的单独和整体消防安全。

提高消防安全的目的在于让居民在火灾发生时能够安全逃生，并确保火灾救援及时抵达火灾现场。在实践中，要做到这一点，需要采取以下措施：设置隔间以防止火势蔓延；提供明确的安全逃生途径；使用不燃材料；根据建筑物的高度和功能设置适当的耐火等级。在住宅建筑中使用自动喷水灭火系统的法规，要求仅限于最高可居住层距离地面超过30m的建筑，以及一些酒店和综合用途建筑。住宅建筑的设计深受公寓布局和通往楼梯或防火大堂的距离的影响。

相关的消防安全法规体现在批准文件B

和《BS 9999：建筑设计、管理和使用中的消防安全规范》(*Code of Practice for Fire Safety in the Design, Management and Use of Buildings*)中，它提出了各类建筑的一般要求。住宅建筑的具体要求见《BS 9991：住宅建筑设计、管理和使用中的防火》(*BS 9991: Fire in the Design Managements, and Use of Residential Buildings: Code of Practice*)，该规范取代了《BS 5588-1：建筑物设计、建造和使用中的防火措施：住宅建筑操作规范》(*BS 5588-1: Fire Pre-cautions in the Design, Construction and Use of Buildings: Code of Practice for Residential Buildings*)。为住宅建筑提供了更具体的指导。在设有走廊和防火大堂的住宅楼中，有效的逃生方法主要有两种：

1. 限制从公寓出口到无烟区的距离；
2. 提供通往无烟区域的替代逃生通道。

如果楼梯用于货运或位于住宅楼内，则需要在保护区内设置通风口以控制烟雾，楼梯一般还应有一个通风口。

在长走廊中应设置跨走廊自动关闭的防火门，可采用由警报/探测系统触发的保持开启装置形式。其他可考虑采取的有效措施包括对逃生通道加压（防止烟雾进入）和使用喷淋装置（减少火势蔓延）。

从住宅出口到防火楼梯或大厅入口的距离，最多不超过7.5m。如果不能满足这一要求，则需要在走廊上设置单独的防火门，以满足从住宅出口到受保护区域的最大距离要求。如果超过这个距离，一般需要采取积极

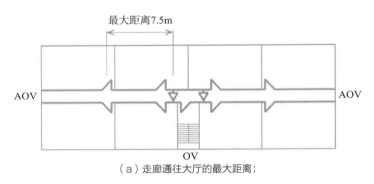

（a）走廊通往大厅的最大距离；

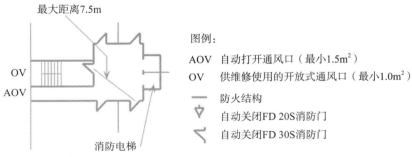

（b）通往大厅的公共通道的最大距离

图例：
AOV 自动打开通风口（最小1.5m²）
OV 供维修使用的开放式通风口（最小1.0m²）
—— 防火结构
▽ 自动关闭FD 20S消防门
⤙ 自动关闭FD 30S消防门

注：1. 如果一个楼层的所有住宅都有独立的替代逃生通道，最大距离可增加到30m；
2. 如果需要电梯，其位置不应超过7.5m；
3. 楼梯上的可开启通风口，可由楼梯上的可开启通风口取代。

图6.1 住宅建筑的最小逃生距离

的烟雾控制措施。图6.1列出了两个楼层布局的最大行程距离，一个是走廊通道，另一个是从大厅通道。对于高度小于11m（即4层）的小型建筑，可适当放宽。

耐火等级的要求是为了确保建筑物在火灾中保持稳定，具体取决于建筑物的高度，即到最高层楼顶的高度。表6.4列出了当前的耐火要求，以及每个耐火等级的大致层数。对于混合用途建筑，可能会适用其他耐火等级和逃生通道的要求。

模块化建筑一般设计有两层15mm厚的石膏板层，以满足隔墙板和墙壁的隔声要求。同样厚度的石膏板一般可达到90min的耐火时间，这是对不超过10层以下建筑的要求。外部基层板和空腔内的防火封堵也有助于减少火灾中烟雾的传输。对于较高的建筑，还需要再铺一层石膏板，以达到120min的耐火时间，这样还能提高模块之间的隔声效果。

批准文件B中的耐火要求　表6.4

参数	耐火（min）			
	R30	R60	R90	R120
最大高度（m）a	<5m	<18m	<30m	>30m
最高层数b	2	6	10	>10

6.2.4　隔声

第11章介绍了声学要求和性能数据。一般来说，模块化建筑中的双层墙壁以及组合式地板和顶棚具有良好的隔声性能。

6.3　模块化建筑中的房屋形式

模块化房屋和住宅建筑的设计，取决于在模块化制造的尺寸要求范围内满足空间的使用功能。图6.2展示了一些现代模块化住宅的实例。

如图6.3所示，模块可以制造成部分开放的侧面，以便更灵活地利用空间。模块还可以与阳台、管道间等连为一体。此外，在模块中使用预装设施，意味着必须考虑模块之间的连接和未来的维护问题。以下各节将介绍可采用模块化结构设计的各种建筑形式。

如图6.4（a）所示，一个简单家庭住宅中最简单的模块组合，包括2层住宅的每层两个模块。其中两个模块提供开放式起居室和卧室，另外两个模块提供厨房、卫生间和楼梯。

住宅房间模块的内部宽度通常为3.3m，对应的外部宽度为3.6m。对于住宅而言，为

（a）英国埃塞克斯郡Harlow的住房；
（Futureform公司提供）　　　（b）英国建筑研究所的CUB房屋

图6.2　使用模块化建筑的住宅

图6.3　图6.2（a）中模块化建筑的内部视图

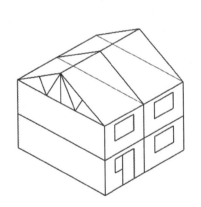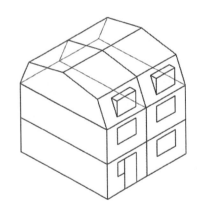

（a）每栋房屋4个模块；　　　　　（b）每栋房屋6个模块，斜坡形状屋顶

图6.4　使用4个模块的简单住房形式

了有效利用空间，厨房/卫生间/楼梯模块通常需要比相邻的房间模块更窄（宽度通常为3m）。因此，房屋正面约为6.6m。模块长度因房屋布局而异，通常为8~10m。

　　如图6.4（b）所示，通过将屋顶模块制作成斜坡形状，可以建造一座3层的房屋。图6.5展示了一栋3层联排别墅，每栋别墅使用6个模块。在这种情况下，模块宽3.6m，长10m。砖砌外墙采用地面支撑，并用砖砌

拉杆与模块相连，拉杆连接在与模块相连的垂直滑道上。图6.6举例说明了使用2个模块的组合式房屋的可能布局。模块宽4.2m，长10~12m（外部尺寸），有整体楼梯。可以在不改变基本模块系统的情况下增加第三层。在模块的制造过程中，卫生间上方的垂直通道应与厨房对齐。应提供足够的通道，以便垂直连接各服务设施和进行未来的维护。这就决定了设施设备在平面图上的位置，如案

图6.5 伦敦东部的3层城市住宅（Rollalong公司和Metek公司提供）

图6.6 每层地板使用4.2m宽单个模块的2层房屋平面图

例所示，设施设备位于内墙的浴室一侧。

Futureform公司开发的CUB住宅系统每层由两个模块组成，但在这种情况下，模块横向放置在房屋正面。地板和顶棚上的板块

可以放置楼梯，以后还可以在新一代房屋概念中增加模块。房间布局和结构系统如图6.7所示，可扩展至4层。图6.2（b）显示了在BRE创新园建成的CUB住宅。

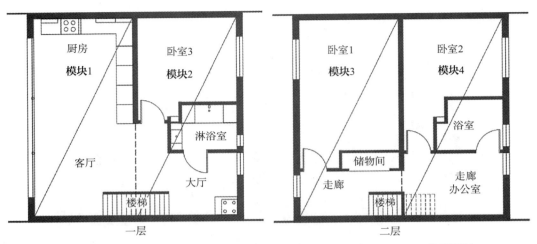

图6.7 采用模块化结构的CUB住宅，显示一层和二层的布局（Futureform公司提供）

6.4 装配式住宅建筑

在公寓的有效布局中，可以考虑不同的模块排列方式，这取决于它们是：

- 可从外部进入，即甲板通道；
- 走廊型建筑；
- 围绕混凝土核心的模块群。

单人公寓通常由2个模块（单人卧室配置）和3个模块（双人卧室配置）组成，每个模块都有一个单人卫生间，在3模块配置中可能还有一个独立卫生间。模块可以带阳台，也可以不带阳台。图6.8和图6.9展示了各种带整体阳台的公寓配置。在所有情况下，模块内部宽度均为3.3m，符合终身住宅标准。

最简单的模块布局是走廊式布局，图6.10举例说明了这种每层四套公寓的布局形

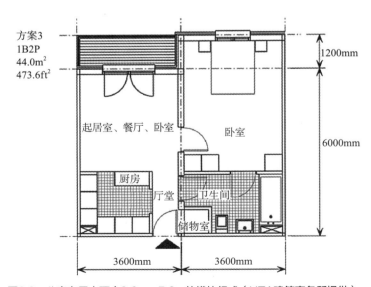

图6.8 公寓布局由两个3.6m×7.2m的模块组成（HTA建筑事务所提供）

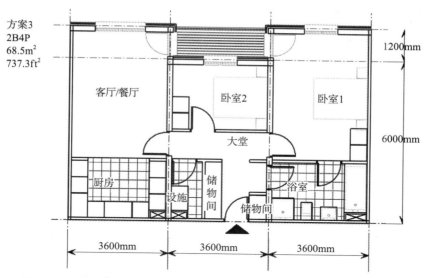

图6.9 面积69m²的公寓,由3个3.6m×7.2m的模块组成(HTA建筑事务所提供)

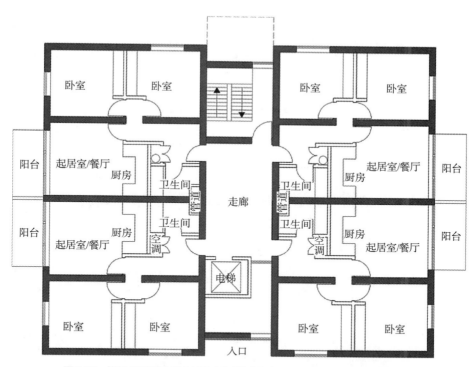

图6.10 模块化建筑公寓走廊布局示例(Caledonian Modular公司提供)

式。在这种布局中,两个相对较大的单元各组成一个两居室公寓。在走廊式布局中,由于起居室/厨房模块只有一端对外,因此必须有充足的自然采光。楼梯和电梯可设计为单独的模块,来为4个公寓服务。

如图6.11所示,部分开放式模块可以更灵活地利用内部空间。在这个位于伦敦南部的社会住房项目中,楼梯和电梯都作为一个

单独的模块，为每层的两套公寓服务。这些
公寓由两个不同长度的模块组成，分别为单
人卧室和双人卧室，如图6.11所示。

1．显示部分开放式模块的平面图（备
用模块阴影部分）；
2．建筑竣工后的景观。

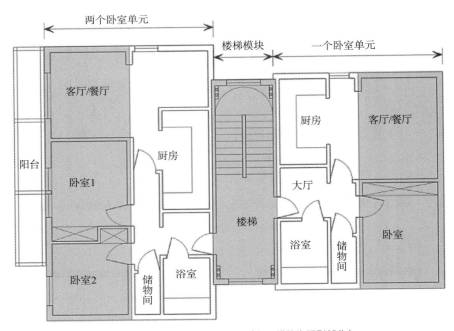

（a）平面图显示部分开放的侧面（备用模块为阴影部分）；

（b）建筑竣工图

图6.11　伦敦南部Stockwell的模块式建筑，创造了灵活的空间使用方式（建筑师PCKO提供）

伦敦西部的Birchway项目实现了9个底层模块的有效布置，如图6.12所示。这个创新项目由5栋类似的2层建筑组成，是第一个获得《英国可持续住宅规范》5级可持续发展评级的模块化项目（见案例研究）。底层平面如图6.13所示，其中大厅也是以模块形

图6.12 伦敦西部Birchway的竣工建筑，显示其弧形绿色屋顶（Futureform公司提供）

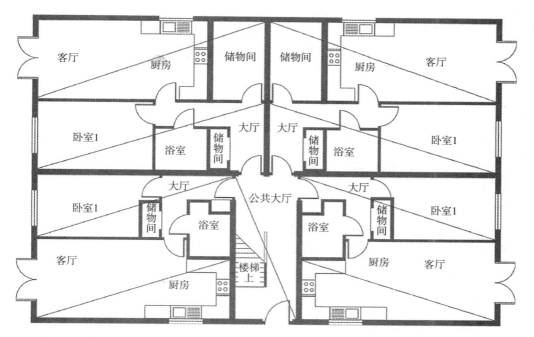

图6.13 在图6.12所示建筑的底层，使用不同尺寸的模块布置4个公寓（Futureform公司提供）

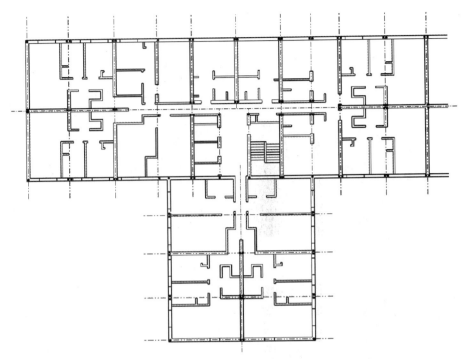

图6.14 伦敦西部的百丽宫，展示了使用部分开放式模块的多种房间布局
（Caledonian Modular公司提供）

图6.15 伦敦西部百丽宫外立面
（Caledonian Modular公司提供）

式制造的。上层由四个模块组成，支撑着弧形轻钢结构屋顶和绿色屋顶。屋顶朝南的一面安装了光伏板。

正如伦敦西部的百丽宫（Paragon）项目（图6.14）一样，在规则的模块形式中，通过对墙体位置的精心布置，可以创造出更为复杂的建筑形式。在这个项目中，部分开放式模块的四角设置了SHS柱，这样就可以将走廊作为模块的一部分来制造。图6.15展示了竣工后的建筑。

6.5 学生公寓

学生公寓的模块一般采用轻钢框架结构，但也有采用预制混凝土结构的（见第3章）。如图6.16所示，学生公寓的单元通常采用走廊式布置。学生公寓单元通常相对较小，外部通常宽2.7m、长6m，一般会采用双分隔走廊布局。较长或较宽的单元可设计为工作室。尽管学生公寓的平面形式相对简单，但在图6.16中，考虑到对称的不同模块，有7种不同的模块类型。如图6.17所示，可以设计更长或更宽的单元。

图6.18和图6.19举例说明了多层学生公寓。底层平台通常采用现浇混凝土或钢结构框架，以提供底层公共空间。在图6.19中，二层平面图的方案显示了不同的房间大小和规格。公用厨房一般宽3.6m，本项目还包括较大的单间，如图6.20所示。该平面图中的灰色区域为通道核心区。成对的走廊允许独立进出一组单元。

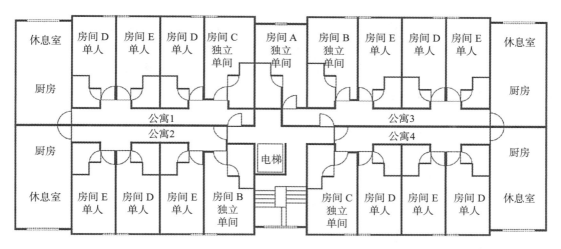

图6.16　学生公寓中用于分隔的典型单元式房间布局

图6.17　典型的单间布局，配有一个较长模块的变体

图6.18 伦敦东部的学生公寓（Unite Modular Solutions公司提供）

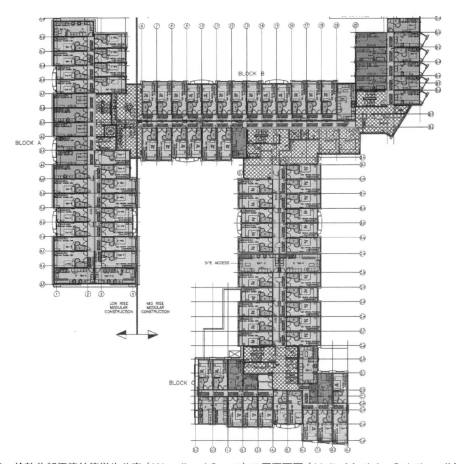

图6.19 伦敦北部伍德兰德学生公寓（Woodland Court）二层平面图（Unite Modular Solutions公司提供）

图6.20　伦敦北部伍德兰德的模块化学生公寓（Unite Modular Solutions公司提供）

6.6　酒店

酒店是模块化建筑中具有主要经济效益的领域之一，特别是对于4层以上的郊区酒店。轻钢、木框架和混凝土模块都可用于酒店建筑。

推动使用模块化建筑的经济因素是快速竣工，从而提前收回所使用的资本，以及为特定酒店集团制造标准酒店客房的规模经济。通常情况下，酒店提前3个月竣工，其收入约为建筑成本的3%，这是模块化建筑的一大经济效益。

根据酒店集团的标准设计，酒店客房的内部宽度为3～3.6m，长度可达7m。卫生间安装在模块内，嵌入地板。模块通常以走廊形式排列。建筑的中心或末端通常设有一个通道核心，为一个或两个翼楼提供服务，每个翼楼最多可由16个模块组成，最长可达25m。走廊两端通常需要单独的逃生通道。最近的一种趋势是在市内建造酒店，将4～6层的模块化房间支撑在一层的钢架上，这样接待处和餐厅就设在一层的开放空间内。图6.21是伦敦市中心的一个很好的例子，其中支柱与交替模块的墙壁对齐。

6.7　高层建筑中的模块布局

对于中高层建筑而言，将模块集中在混凝土核心筒周围通常更为有效，因为混凝土核心筒可提供建筑的整体稳定性。在这种建筑形式中，模块向核心筒的传力最小。图6.22举

图6.21　在伦敦市中心一家酒店的钢制平台上安装模块（Futureform公司和Citizen M酒店提供）

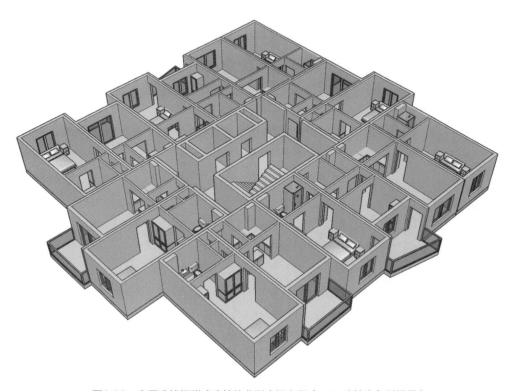

图6.22　高层建筑组群式建筑的典型房间布局（HTA建筑事务所提供）

例说明了采用这一原则的模块配置。在图6.22中，由16个模块组成的8套公寓围绕核心筒布置，并从核心筒进入。通常先建造混凝土核心筒，通常是现浇滑模混凝土，有时也使用预制混凝土核心筒单元（见第4章）。

通过在走廊中设置水平支撑，可以将较高的建筑从核心筒水平延伸出来。在这种情况下，通过支撑传递到核心筒的力可能相对较大。在建造过程中，可在核心筒内浇筑钢板，然后在钢板上焊接另一块钢板，以形成与走廊和模块的连接。远离核心筒的单个模块在其四角与连廊结构相连。详情见第12章。

Paragon项目（图6.14）和温布利附近的一个16层项目都采用了这种建筑形式，施工过程如图6.23所示，并在下述案例研究中进行了介绍。在该项目中，模块长达16m，包括一条中央走廊。

目前世界上最高的模块化建筑是位于英格兰中部的伍尔弗汉普顿（Wolverhampton）。这座25层建筑由一个混凝土核心筒和高度不同的5个模块区域组成，其中一组3或4个模块悬挑于下方的刚架结构上。图6.24（a）显示了施工过程。模块顶部的钢板连接件是在现场焊接的，与核心筒的连接件放置在垂直槽中，以便核心筒和模块之间长期保持相对运动。图6.24（b）所示为竣工建筑。第19章对该建筑和同一工地上两座8层和9层建筑的施工过程进行了研究和总结。

图6.23　温布利使用现浇混凝土核心筒的高层模块化建筑（Futureform公司提供）

（a）施工中；　　　　　　　　　　　　　　　（b）竣工

图6.24　位于伍尔弗汉普顿的25层模块化建筑（Vision公司提供）

6.8　混合箱式和开放式空间

模块和平面结构可以这样结合：模块提供卫生间和厨房等服务区，平面结构提供开放式空间。这样可以有效地规划空间，减少模块的尺寸限制。第10章将对此进行详细讨论。

案例研究18：埃塞克斯郡Harlow的模块化住房

私人住宅景观（Futureform公司提供）

起居室内景

埃塞克斯郡Harlow的一个混合使用权住房项目，展示了模块化建筑在住房中的应用。该混合型私人社会住房项目包含48栋房屋和公寓，用于出租/部分产权，共有78个单元。使用模块化建筑的关键是为两居室、三居室和四居室住宅，以及2~4层结构的一居室和两居室公寓开发可扩展的建筑形式。

总共安装了177个住宅模块和72个公寓模块，每天最多安装10个。这些模块由Futureform公司设计，使用了Ayrshire Metal Products公司的Ayrframe制造系统，并在Futureform公司位于诺森茨韦灵区的装配工厂进行安装。现场的收尾工作仅限于地基、围护、屋顶和设施连接。

Sister company Renascent Developments Ltd.是组成开发公司South Chase New Hall Ltd.的联合开发合作伙伴之一，MOAT住房协会收购了经济适用房部分。建筑师普

罗克特和马修斯在其他模块化项目中也与Futureform公司密切合作（见第1章）。

宽3.75m、长12m的模块包括一个中央服务区和两侧的居住空间。相邻的模块为三居室和四居室的房屋配置提供了可扩展的空间。通过这种方式，在制造高度服务化的核心模块时实现了规模经济。模块由条形基脚支撑，稳定自持。每个单卧室模块可提供45m²的居住空间，满足终身住宅的要求。

从可持续发展的角度来看，Harlow模块化项目获得了生态住宅"优秀"评级（相当于可持续住宅规范3级）。通过使用基于45m深桩的地源热泵，还可以达到规范4级，这也包括在经济适用房阶段。该项目的二期工程也已竣工，其中包括一些五居室住宅，其设计包括一系列可选的可再生能源技术。

案例研究19：伦敦陶尔哈姆莱茨的社会住房

已竣工的城镇住宅景观
（Rollalong公司和Metek公司提供）

在砖砌基座和条形地基上安装模块

东伦敦住房协会（ELHA）希望为伦敦陶尔哈姆莱茨区（Tower Hamlets）的大家庭购置急需的住房。承包商Rok委托建筑公司Design Buro、轻钢框架供应商Metek公司和装修承包商Rollalong公司，在短时间内完成了18个模块的设计、制造和安装。

该项目由3栋排屋组成，共有18个模块。长9m、宽3.4m、高12m×3m的模块成对排列，共3层。六个单元组成一栋联排别墅，提供183m²的宽敞空间。每栋联排别墅都有自己的整体楼梯、天井门、厨房和2个卫生间。

模块的轻钢框架由Metek公司制造，然后运到多塞特郡（Dorset）的Rollalong公司进行安装和维修。装配过程大约需要6周时间，然后对模块进行防风雨处理。每天有6个完工的模块被运到离工地不远的存放区，然后根据需要运到工地。

模块部分是开放式的，这样两个模块就构成了每栋房屋的一个楼层。交替模块末端的楼梯通道需要设计成部分敞顶的模块。该建筑采用传统的砖砌斜瓦屋顶，在精装修和外部设施连接期间，这两项工作都在关键路径之外进行。

整个施工计划仅用了20周，比完全现场施工节省了50%以上。重要的是，由于模块的安装是在与陶尔哈姆莱茨地方当局商定的上午10点至下午3点的3天时间内完成的，因此施工期间不会对当地造成长期干扰。

模块包括使用100mm×1.6mm C型钢的端墙板和使用65mm×1.2mm C型钢的侧墙板。侧壁使用100mm宽的横梁支撑，以确保风荷载下的稳定性。楼板由150mm×1.6mm的C型钢组成，为了增加刚度，这些型钢以400mm为中心背靠背排列。顶棚也使用65mm×1.2mm C型钢，地板和顶棚的总厚度仅为300mm。模块的四角使用了100mm×75mm×8mm的角钢。

在商定的3天封路期内进行安装，节省了4个月的施工时间，而且无须储存材料、工地小屋和其他设备。共有4名工人参与了安装过程，另有3名工人从事一般工作，不到传统现场施工所需劳动力的20%。

案例研究20：伦敦西部第5级代码社会住房

弧形绿色屋顶和光伏板的竣工建筑
（Futureform公司提供）

Ayrframe模块的框架（Ayrshire Framing公司提供）

Birchway生态社区是Paradigm住房协会在伦敦西部海斯（Hayes）开发的一个办公楼项目，包括24栋供经济适用房出租的新住宅。该项目采用模块化建筑，因为它对环境影响以及附近居民的干扰最小。

该项目由Acanthus建筑公司设计，是首批符合《英国可持续住宅规范》5级标准的项目之一。该项目采用了一系列措施，包括低碳的集中式生物质锅炉、光伏板、机械通风、热回收以及雨水保留和循环利用。生物质锅炉位于地下，每套公寓每年消耗约1t木质颗粒形式的生物质，提供的热水在每套公寓都有计量表。

设计了两种建筑类型，分别由10个或13个模块组成，有单卧和双卧两种配置。两个宽约3.6m、长约9m的单元组成单卧室布局，3个单元组成双卧室布局。4或6套公寓组成一栋建筑。Futureform公司的模块采用Ayrframe系统制造，并在公司内进行了全面安装。单个模块包括最多2个卧室和1个卫生间，或起居室和厨房空间。公共楼梯和大厅也是以模块形式建造的。

单个建筑有2层高，但有一个弧形绿色屋顶，以最大限度地减少视觉影响和水流。弧形屋顶是通过制造具有可变坡度顶棚的上层模块形成的，其设计目的是承受覆土绿化屋顶的重量。屋顶还支持南面的光伏板，为公共空间提供电力。双层楼板和墙体结构还为住宅之间提供了良好的隔声效果。

全部完成的模块以每天8组的速度安装，这意味着一栋建筑的全部安装工作只需2天即可完成。这对于在狭小的城市工地上的邻近房屋来说非常重要，项目在每周的同一天进行安装，并通知附近的居民。由于模块的吊装和放置距离较远，因此使用了一台100t的起重机。

案例研究21：购买模块化住房，CUB住宅

BRE创新园的CUB住宅（Futureform公司提供）

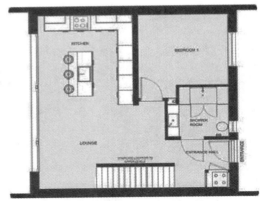

显示两个相邻模块的一层平面图
（Futureform公司提供）

CUB住宅系列于2010年3月在理想家居展上推出。该产品由Futureform公司制造，以两个宽3.5m、长7m的开放式模块为基础，形成一个方形居住空间，并可根据用户的需求进行扩展。模块的平面长宽比为2∶1，这意味着它们可以组合在一起，形成更大的空间。该系统还可以从住宅扩展到多层建筑。可以选择各种围护材料，既可以预先安装到模块上，也可以现场安装。

CUB概念由设计师Charlie Grieg与Futureform公司共同开发。购房者可以选择地板、墙壁、厨房和卫生间的各种围护，模块甚至还可以配备家具。这对模块由宽敞的厨房/起居室、卧室和淋浴间/卫生间组成。右上图为一层的典型平面图。

模块采用轻钢框架制造，以Ayrframe系统为基础。模块包括低紫外线值的氩气密封窗、安装在室内的排气热泵、雨水回收利用以及太阳能电池板选项。服务连接在现场进行，模块之间的接缝是密封的。模块的墙壁、地板和顶棚都是全天候密封和气密的，隔热性能很好。供暖、热水和通风的运行成本预计每年56英镑。

$7m^2$双模块配置的预计交付成本为88500英镑，外加10000～15000英镑的场地准备费用。模块从订货到生产需要12～14周，安装只需几天时间，具体取决于场地的适用性。与传统房屋建造时间相比，总共可节省6个月以上的时间。

CUB住宅系统满足《英国可持续住宅规范》5级的要求，并获得了英国住宅建筑委员会的批准。在不改变基本结构的情况下，两个模块的配置可以扩展到四个或更多模块。它基于世代住宅的概念，可以根据家庭人口的变化进行修改。

模块配有可拆卸的顶棚，这样，如果在两模块或四模块配置的顶部再安装两个模块，就可以安装楼梯。设施的连接可通过无障碍管道间进行。它的耐火时间至少为60min，这意味着可以用于多层建筑，而无需改变基本设计。所有CUB模块化建筑都可以轻松拆卸，理论上它们可以在同一地点或其他地点移动，并保持其资产价值。

案例研究22：芬兰的模块化住房和屋顶扩建工程

万达市的2层庇护所（NEAPO公司提供）

艾斯堡使用大型模块的两层住宅（NEAPO公司提供）

位于芬兰坦佩雷（Tampere）附近的NEAPO公司，提供了一种基于轻钢墙面板和地板的新型结构系统，可用于大型模块化单元。这种面板系统被称为Fixcel，它是一种蜂窝状面板，使用薄钢板制造，在两端折叠和压缩，形成结构非常坚固和坚硬的多"箱"形截面。Fixcel墙面板深100mm，使用厚度为0.7~1.2mm的钢材，地板面板深150mm。这两种板材的宽度可达5m，长度可达22m。

这种模块化系统主要应用于住宅建筑和专业应用领域，如电梯井和屋顶扩建模块。模块的尺寸仅受运输条件的限制，最近在芬兰的项目中使用了宽度达5m的模块。如上图所示，在万达市（Vantaa）的一个2层避难所中使用了NEAPO模块。隔热墙面是在工厂安装的，现场只对模块之间的接缝进行了处理。

双层墙壁可抵抗建筑物承受的所有荷载，无须单独的结构或支撑。模块的地板和顶棚也采用相同的系统。模块外部由最多200mm的硬质隔热板隔热。芬兰技术研究中心（VTT）进行的防火测试表明，内部使用两层石膏板时，耐火时间为120min（测试结果为132min）。

模块采用预制墙壁、地板和顶棚。在运输过程中，会在大面积开放的侧面设置临时支撑。可以制作大开口。按照17~25kg/m²的Fixcel面板重量计算，一个模块的重量仅为建筑面积250~300kg/m²。安装好的模块相对较轻，典型模块的建筑面积为40m²，重量约为10t。

在艾斯堡（ESPOO），我们使用建筑面积为55m²的大型模块，建造了一系列共37栋、每栋2层的排屋。上层模块采用斜屋顶，安装方式如上图所示。阳台通过斜管连接。

赫尔辛基的一个有趣的改造项目中，在现有的5层住宅楼顶部新建了2层由模块组成的楼层。此外，还采用相同的建筑形式，在大楼两端增建了新的电梯井和楼梯。电梯井在现场预组装，然后吊装到位。同样是在赫尔辛基，一座名为Helmi的别墅的浮动房屋也是由3个模块组成的。

案例研究23：伦敦国王十字区的社会福利住房

大楼外景，显示连接模块的大阳台

已安装模块的内部视图

这个社会住宅项目位于伦敦北部国王十字区附近的卡尔肖特路（Calshot Road），由Caledonian Modular公司于2006年为Genesis住房协会建造完成。这座L形建筑包括23套公寓（每套2间卧室）和9套联排别墅（每套5间卧室）。联排别墅3层，私人入口位于底层。每套公寓都有一个私人阳台。

联排别墅由3个垂直叠加的模块组成，每个模块有两个房间和一个卫生间或厨房。联排别墅的总面积约为115m²。楼梯是模块的组成部分。起居室和厨房位于一层，尽管面积不大，却给人一种排屋的感觉。

模块相对较大，一般宽3.8m，长11m。模块采用100mm方矩管角柱和170mm厚的C型钢边梁（位于地板和顶棚），因此模块的侧面可以部分打开，也可以提供较好的采光。这也有助于规划布局联排别墅和公寓。

设计的模块具有耐候性，在该项目中，围护主要采用陶砖的形式，陶砖附着在预制在模块上的水平轨道上。在其他区域，则在模块的外部基层板上铺设隔热帷幕。转角模块还安装了天井门。楼梯核心部分也采用了全玻璃结构。

模块轻钢墙壁的支撑以及楼梯和电梯核心部分的额外支撑提供了稳定性。预制角阳台和侧阳台也直接连接到模块的角柱和边梁。上部模块还支撑着凸出的屋顶结构。

该项目由73个模块单元组成，仅用6个月时间完成。模块在交付前已全部安装完毕，只有相邻部分开放式模块之间的地板接缝在现场进行了修补。2006年的总造价为240万英镑，符合成本效益的需求。

案例研究24：贝辛斯托克11层公寓楼

11层模块化公寓楼

6层模块化公寓楼

首批使用Vision模块化建筑系统的住宅项目之一，在贝辛斯托克（Basingstoke）建成。该项目由3栋楼组成，层数从6～11层不等。建筑由PRP为英国弗莱明发展公司（Fleming Developments UK）负责设计，基于HTA建筑事务所的客户总体规划。客户是Senitel住房协会，选择模块化建筑的原因是其制造速度快，对附近医院的干扰最小。360个模块于2006年10月至2007年2月安装完毕。

两个模块组成了一个建筑面积为48m²的一居室公寓，3个模块组成了一个建筑面积为60m²的两居室公寓。宽度分别为3m和3.6m的模块位于走廊两侧，可由楼梯和电梯进入，为6套公寓提供服务。各个单元包括厨房/餐厅、卫生间和主卧室、大厅和小卧室。

模块通常宽3m或3.6m，长7.2m。模块地板由150mm厚的混凝土地板和地板周边的全氟化碳钢部分组成。混凝土地板具有很高的隔声性能和120min的防火时间。

墙壁和屋顶由焊接成框架的空心结构型材组成。阳台与周边的U形槽钢（PFC）型材相连。这些模块由起重机吊装，平均每天安装8个。钢筋混凝土楼梯/电梯核心筒保证了建筑物的整体横向稳定性。在11层的建筑中，模块的安装时间仅为15天，这意味着围护和后续工程可以立即开始。据估计，模块化技术比现浇混凝土施工节省了70%的工期。

模块的形状各不相同，有长方形的，也有不规则形状的，有斜角的，也有平面上墙壁呈阶梯状的。地板和顶棚的总高度仅为350mm，包括一个顶棚桁架，以便服务设施的通行。相邻墙壁的总宽度仅为200mm。

3层或4层的外墙由地面支撑砖砌成，上面则是隔热灰泥和轻质板。模块之间的分隔墙实现了平均52dB的空气传播噪声降低率（采用低频校正系数），比《建筑规范》E部分的要求高7dB。

案例研究25：克罗伊登市中心的高质量住房

从通道桥上俯瞰6层建筑的正面

Caledonian Modular公司于2010年在克罗伊登（Croydon）市中心完成了一个由300多个模块组成的6层商用和住宅混合开发项目。该项目场地呈L形，被繁忙的萨里街、露天市场以及停车场所包围。该开发项目建造了急需的私人产权住房、部分产权住房和公共住房，主要为两居室，但也有一些单人住房。客户之所以采用模块化建筑，是因为传统建筑在现场活动（如建筑材料的多次运送和建筑工人的数量）所带来的时间和干扰方面的困难。这些模块必须在每天的正常工作时间之外运抵，还需要使用一台500t的起重机将10t重的模块从距离路边30m、高20m的地方吊起。

整个施工周期（包括混凝土裙楼）仅35周，比传统的现场施工节省了50%。钢筋混凝土裙楼的下方是零售空间，建筑从裙楼层通过一座横跨萨里街的新铜包覆桥进入。各个公寓可通过建筑后部的钢结构人行道进入，人行道与两个建筑核心筒相连，核心筒内设有楼梯和电梯。这些核心筒也是以模块形式用钢材建造的，一个有趣的特点是，裙房层以下的核心筒模块是在施工初期安装的，以方便进出。

两个宽3.6m、长9m的模块组成一个两居室公寓。厨房和卫生间位于建筑的后部，以便从人行道进行安装和维护。街道一侧采用砖砌外墙，使建筑外观更具传统风格，后侧则采用隔热灰泥。13.5m高的砖砌结构支撑在裙楼上，并与模块相连以保持稳定。大部分临街公寓和转角公寓的阳台都与模块的角柱相连。

顶层的模块从建筑边缘向后退，形成一个连续的天井，天井上的玻璃栏杆与下面的模块相连。缓缓弯曲的轻质钢结构屋顶也是模块系统的一部分，从天井和人行道上方伸出。

案例研究26：伦敦北部学生公寓

伦敦北部的Newington公寓

伦敦北部的Woodland公寓

Unite公司在伦敦和其他城市建造了许多模块化的学生公寓。高峰时期，位于英格兰西部斯特劳德的工厂每年生产多达3000个模块。伦敦北部和东部最近的一些学生公寓项目情况如下：

Newington公寓是一座6层高的学生公寓，由两栋建筑组成，其中一栋为砖砌建筑，另一栋为带特色不锈钢外墙的隔热建筑。共有435个单元，87套四居室公寓，每套公寓都配有公用厨房。该项目由建筑公司的Stock Woolstencroft设计，承包商是Mansell公司。合同价值为690万英镑。

Woodland公寓共有669个单元，包括481间套房卧室、45个厨房和2间公寓。许多单元都设计有飘窗，并悬挑在下面的单元上。外墙采用后加外保温和仿砖，与独立的轻钢副框架相连。工地上保留了一栋维多利亚时期的建筑，8层模块化建筑的三面都受到限制。项目的模块部分价值810万英镑，项目总成本估计为1500万英镑。模块安装历时17周，每天安装8个模块。施工始于2009年7月，2010年9月竣工。建筑公司是Hadfield Caulkwall Davidson，承包商是RG集团。

Wedgewood公寓位于伦敦北部的霍洛威路上。它由413个模块组成，可容纳195间套房卧室（单模块或双模块配置）和39个公用厨房。模块最大尺寸为4.1m×6.7m，所有模块均在57天内安装完成。工地位于国王十字铁路主干线旁，这造成了额外的限制条件。该项目的模块部分价值490万英镑，项目总成本约900万英镑。施工期为2009年12月至2010年8月底。建筑公司是Stride Treglown，承包商是Woolf Construction公司。

Somerset公寓位于国王十字附近，是为一所小学而建造的学生公寓，它由190个模块组成，共有168间卧室和22个公用厨房。这些模块建在一楼平台上，底层为同一地点的新学校设施。施工必须在不影响学校活动的情况下进行。模块的安装仅用了15天。该项目的模块部分价值160万英镑。建筑公司是Stride Treglown，承包商是Mansell公司。

Blythedale公寓位于伦敦东部的Mile End，高7～12层，由309间单间卧室组成，底层为钢筋混凝土结构的公共区域。该项目于2009年9月竣工。建筑公司是Dmwr，承包商是Mansell公司。

案例研究27：伦敦温布利的高层模块化建筑

用桅杆攀爬器安装轻质围护
（Futureform公司提供）

17层建筑上竣工的围护
（Futureform公司提供）

Futureform公司为学生公寓开发商Victoria Hall在温布利体育场附近建成了17层的模块化建筑。建筑设计方是O'Connell East，承包商是MACE。该学生公寓项目首次采用了长16m、宽3.8m的模块。这样，模块由两个房间和一条双走廊组成，从而最大限度地减少了现场施工时间。模块在交付时还附加了抹灰板，可以在楼内的服务连接完成后再对走廊进行装修。

建筑由混凝土核心筒和环形混凝土平面组成，北、东、西三面的模块化翼楼从核心筒向外辐射。西翼由16层模块组成，建在混凝土平台上，北翼和东翼分别由4层和6层模块组成，建在2层混凝土平台上。

核心筒和裙房施工于2010年7月，模块的安装历时15周。这样，核心筒的建造和模块的安装可以同时进行。每个侧翼由每层10个模块组成，这样每周可以安装3层。该项目于2011年8月竣工。

书房卧室的外部宽度为2.7m，8m长的厨房宽度为3.8m。有些模块的侧壁是空心的。建筑两翼各由10间卧室和2间厨房组成。典型的16m长厨房模块重12t。模块的吊装由位于路边的200t起重机完成。桅杆式爬升器在模块安装过程中提供周边保护，并与模块侧面的吊点相连。

轻质围护是一种雨幕系统，由连接到模块上的水平轨道提供支撑。模块具有完全隔热和耐候性能，U值为0.21W/（$m^2 \cdot K$）。桅杆式爬升器也用于安装轻质雨屏板。

25mm厚的芯板和15mm厚的耐火石膏板以及矿棉被放置在Ayrframe预制模块的墙壁和顶板的C部分之间，从而达到了120min的耐火要求。地板和顶梁由150mm厚的C型材组成，地板和顶板的总厚度仅为380mm。模块之间的缓冲带减少了声波传递，并为施工公差提供了容错空间。

参考文献

British Standards Institution. (1990). *Fire precautions in the design, construction and use of buildings: Code of practice for residential buildings*. BS 5588-1.

British Standards Institution. (2008). *Code of practice for fire safety in the design, management and use of buildings*. BS 9999.

Building Regulations (England and Wales). (2010a). *Fire safety. Volume 1. Dwelling houses*. Approved document B. www.planningportal.gov.uk.

Building Regulations (England and Wales). (2010b). *Resistance to passage of sound*. Approved document E.

Building Regulations (England and Wales). (2010c). *Conservation of fuel and power*. Approved document L1.

Building Regulations (England and Wales). (2013a). *Fire safety. Volume 2. Buildings other than dwelling houses*. Approved Document B.

Building Regulations (England and Wales). (2013b). *Access to and use of buildings*. Approved document M.

Code for Sustainable Homes. (2010). Technical guidance. www.gov.uk/government/publications.

Housing Corporation. (2007). Design and quality standards.

Joseph Rowntree Foundation. (2010). Lifetime homes.

Mayor of London. (2010). Design for London, London housing design guide—Interim. www.designforlondon.gov.uk.

National Housing Federation. (2008). *Standards and quality in development: A good practice guide*. 2nd ed.

Secured by Design. www.securedbydesign.com.

Zero Carbon Hub. (2009). *Defining a fabric energy efficiency standard for new homes*. www.zerocarbonhub.org.

第7章

医院和医疗建筑

医院和医疗保健设施通常采用模块化建筑建造方式，既可以用于专科病房，也可以作为完整的模块化建筑。模块化建筑的主要优势在于，复杂的服务设施和医疗设备的装配可以在卫生条件可控的工厂环境中进行生产和组装。

模块化建筑可用于建造新建医院或扩建既有医疗保健建筑，模块的安装对病人护理的影响极小。此外，专业的模块化设施还包括病房、手术室、影像诊断室、实验室、太平间、净化室（消毒室）和机房。

7.1 模块化医疗设施的特点

模块化医疗建筑的供应商众多，其模块化系统大致符合以下特点：

- 可用于单层或多层建筑（最高6层）；
- 柱子之间可用空间最大可达12m；
- 内部装饰和外部装饰的多样性；
- 根据建筑物的主要通道进行内部布局；
- 高度预装的服务设施和医疗设备。

卫健部门使用的模块化单元通常比较大，并且具有部分或完全开放的侧面。这样以模块形式提供的各类功能空间就组合成了完整的医疗保健建筑。尽管模块的尺寸和结构可能相似，但根据其功能用途，各个模块在制造时都配备了专业设备和设施，这些设施在运抵现场之前都要经过测试和检验。

模块化建筑通常与主要结构相结合，用于开放空间、交通区域和入口区域。图7.1和图7.2举例说明了建成的模块化医院。

医疗领域使用的模块一般都有较深的边梁和角柱，因此净跨度可达12m。模块顶板上的边梁一般向上凸出，而不是在模块之间形成下立梁。地板和顶板边梁总厚度可高达75mm。模块宽度可根据医疗空间及其专业设施布局而有所不同。

Yorkon公司提供了宽度3.75m、长度以18.75m为单位递增的模块，用于该领域和其他领域。中间墙壁和柱子都可作为开放式模块的一部分。在Colchester General综合医院（图1.8），新建大楼的一层开设一个新的儿童科，上层可选择设置护理中心和外科病房。在短短17天内交付并安装148个长14m、宽3.3m、每块重达12t的钢架模块。在该项目中，这些单元部分是在场外安装的，包括内部分区以及机电（M&E）设施的首次安装。

病房使用的模块尺寸一般宽3.6~4m，长7.5~18.75m，部分侧面为开放式，并且通常包括走廊空间。如图7.3所示，单元通常包含墙体和柱子。图7.4是由2间和3间卧室组成大型病房的典型平面图。单元内还设有专科房间、更衣室和浴室。

如果有足够多的内墙，建筑的整体稳定性可以由模块本身提供，但如果内墙很少，稳定性就必须靠楼梯和电梯核心筒来支撑。这种开放式模块建筑一般为3层，但也有6层

图7.1　在布里斯托尔建成的3层模块化医院（Yorkon公司提供）

图7.2　采用模块化结构建成的英国国家医疗服务系统治疗中心（Yorkon公司提供）

的医疗建筑。

　　新建医疗设施的安装往往需要在医院现场进行，由于现场施工和材料储存的空间有限，使用模块化建筑有利于避免对医院的正常运行造成干扰，模块化单元通常用于现有医疗设施的扩建。例如，在护理楼中增建新

的楼层（见第7.3节）。

　　模块化建筑也可用于地方的医疗中心，如图7.5所示，位于伦敦西部的希灵登区（Hillingdon）的一家面积800m²的全科医疗中心，仅6个月就建成了。

图7.3　施工中的模块化医院单元（Yorkon公司提供）

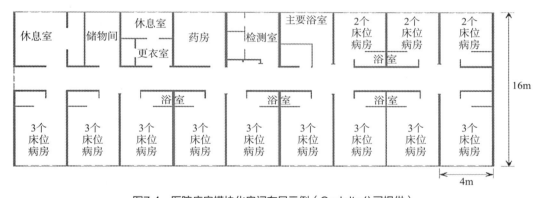

图7.4　医院病房模块化房间布局示例（Cadolto公司提供）

图7.5　模块化地方医疗中心（Elliott Group Ltd.提供）

7.2 设计要求

英国卫健部在《卫生技术备忘录》（*Health Technical Memoranda*）（HTMs）和《卫生建筑说明》（*Health Building Notes*）（HBNs）的系列出版物中，为医疗建筑提供了全面的设计指导。HTMs的内容包括：净化、卫生和社会护理建筑的可持续规划、设计、施工和翻新、建筑服务和设备的设计与管理、消防安全、通风和运输管理。HBNs为各种医疗设施、装饰、卫生设备、感染控制、设施韧性、计算和通信以及土地和财产管理提供规划和设计指导。下面将介绍医疗保健建筑设计几个主要考虑因素。

7.2.1 声学

《HTM 08-01》为新医疗设施设计和管理提出了建议的声学标准，包括以下问题：

- 房间内的噪声标准，包括来自建筑物内机械设备的噪声和通过建筑物结构传播的外部噪声；

- 外部噪声标准——医疗建筑和运行产生的噪声不应影响周围的居民和工作场所；
- 房间之间的空气传声和冲击隔声；
- 房间内混响的控制。

英国卫生部还出版了《声学：技术设计手册4032》，其内容与《HTM 08-01》类似。

7.2.2 交通区域

标准《HBN 00-04》为医院和其他医疗建筑中的交通和交流空间（包括走廊、内部大厅和楼梯以及电梯）的设计提供了指导。该文件还提供了有关门和扶手的辅助信息。

主走廊和交通空间宽度通常3m，作为开放式建筑的一部分，如图7.6所示。楼梯一般也采用模块形式，其宽度取决于对安全通道的要求（见第7.4节）。

7.2.3 病房

病房可包括大型多科病房、急症病房、隔离室、带套间的单人病房、重症监护室和

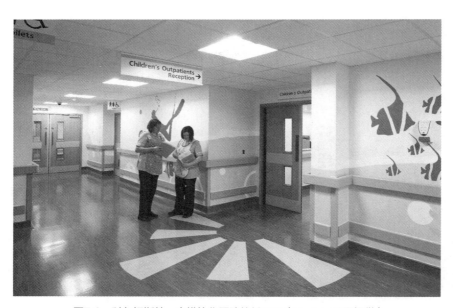

图7.6　科尔切斯特一家模块化医院的循环区（Yorkon公司提供）

康复区，如图7.7所示。采用模块化结构的病房配备有以下设施：

- 易于清洁和维护的围护和表面；
- 综合的床头服务设施，包括远程通信系统；
- 康复病房和重症监护病房的医用气体和空气循环处理系统；
- 配备警报系统和监测系统的护士站；
- 提高结构吸声效果的楼面结构。

7.2.4　卫生空间

卫生空间包括浴室、更衣室和卫生间，应符合《HBN 00-02》的要求，包括空间要求和人体工程学要求，如轮椅通道的设计。

7.2.5　专业设施

专科医疗建筑通常需要安装复杂综合的特殊设施，而场外制造则可以在交付前进行预测试和调试。苏格兰首批采用模块化单元建造的分娩室于2011年10月交付使用，如图

7.8所示。

在诺丁汉大学医院的英国国家医疗服务基金会（NHS Trust），Portakabin公司以模块化形式完成了一个包含10个透析站的肾科病房。肾脏保健建筑应满足《HBN 07-02》的要求。水处理设备、服务设施和内部装修均预装在模块中。

图7.9展示了各种医疗设施中在专科诊室的应用。这些诊室一般与单元等宽，但可以与相邻的走廊相连，这样就可以在一个单元内提供两个诊室。

7.2.6　手术室

模块化手术室设施可满足所有医疗领域的手术需求，包括眼科、整形外科、心脏科、神经科和肿瘤科。在英国，这些设施的设计必须符合《HBN 26：外科手术设施》和《HTM 03-01：医疗保健场所专用通风设备》的要求，同时还必须满足设施设备使用周期的要求。

手术室通常设在一个或两个模块化单元

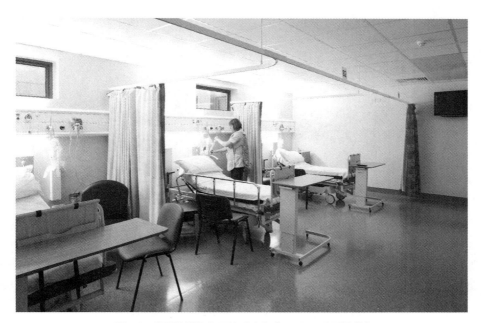

图7.7　典型的模块化开放式病房（Yorkon公司提供）

图7.8 苏格兰洛锡安的分娩套房设施（BW Industries提供）

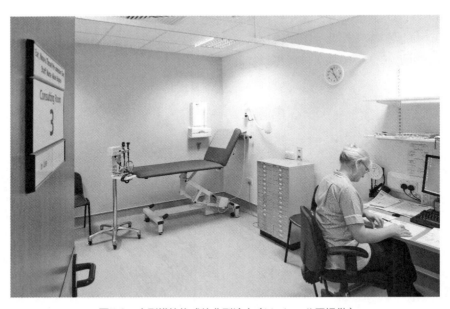

图7.9 大型模块构成的典型诊室（Yorkon公司提供）

内，其中还包括麻醉室、洗刷区、准备室和公用设施区，如图7.10所示。手术室通常需要铺设混凝土地板，以限制建筑物相邻部分传来的任何振动影响，并且可能需要配置特殊设施系统设备，如超净层流净化系统或落地式显微镜。相关的服务设施设备通常位于屋顶机房内。

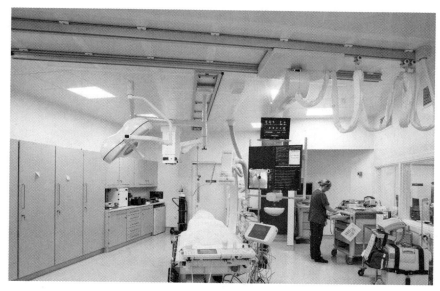

图7.10 两个模块组成的手术室（Yorkon公司提供）

7.2.7 诊断成像室

诊断成像套间的设计取决于设备的选择和各种技术问题，例如磁场效应、电磁干扰、磁屏蔽要求、共址布置问题、边缘磁场分布、射频（RF）屏蔽和设备安装条件。需要配置压力均衡的氧气监测系统。

模块可采用钢筋混凝土地板，以支撑重型设备，并在介入放射和成像诊断设备等专业应用中抑制振动效应。钢筋混凝土可以作为次梁地板的薄顶层，或作为模块地板边梁之间的实心板。设计还应符合《HBN 6：诊断成像和介入放射学设施》的规定。

7.2.8 实验室和洁净室

模块化病理实验室、制药无菌套间、隔离实验室等，应符合危险病原体标准咨询委员会（卫生防护局）的最新指导，并根据ISO 14644（1999年）设计标准（ISO 2000年、2001年、2004年、2005年）建立相关的洁净室。图7.11展示的是带有处理病原体专业设施的模块化实验室。这种类型的模块需要一个由送风和抽风过滤装置以及综合熏蒸

装置提供的可控的洁净空气环境，可能包括颗粒物监测设施、药品隔离器和层流柜。可以使用整体焊接的乙烯基内饰来保证气密性，并在组装后进行测试。这些设施大多预装在模块内，只需在现场进行连接安装。

7.2.9 其他医疗设施

如图7.12所示，牙科设施可以采用模块化形式提供，并且通常应符合与其他专科诊室相同的要求。

消毒装置应符合《HBN 13：无菌服务部门》的规定。室内围护材料必须卫生且易于清洁，如乙烯基或不锈钢。

太平间的设计应符合《HTM 03-01：医疗场所的专业通风》和《HBN 20：太平间和尸检房服务设施》的要求。室内装修必须注意卫生及特殊要求，并可进行蒸汽清洗。太平间设施系统包括遗体储存、病理、解剖/尸检套房以及灾难/恢复设施。

7.2.10 设备机房

模块化设备机房将机电设备集中在一个

图7.11   使用模块单元建造的实验室（Yorkon公司提供）

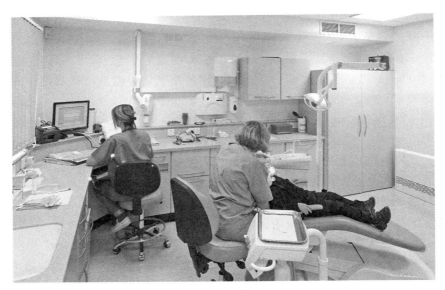

图7.12   使用翻新模块建造的专业牙科设施
（Foremans Relocatable Building Systems公司提供）

独立的模块中，并在交付前进行工厂测试。模块安装后模块和设施其他部分之间的工作均在现场连接，整个设施的控制都在一个安全区域内。机房通常位于模块化建筑的屋顶，但如果现场有足够的空间，也可以设在临近建筑的工作区。机房的地面荷载可能相对较高，因此会影响支撑模块的设计。

7.3   医院扩建中的模块化应用

许多医院建筑扩建时，需在不中断医疗服务的情况下进行。位于吉尔福德（Guildford）的皇家萨里医院（Royal Surrey Hospital）就是一个很好的例子。该医院急需为其短期手术室提供住宿和专业设施，所以在急诊室接待处旁边的陡坡场地上，共安装了26个可回收和翻新的模块，并在砖砌基座上安装了轻质围护。竣工的单层建筑如图7.13所示。

在哈罗盖特（Harrogate）的一家医院扩建工程项目中，在现有的2层砖砌建筑上新建了一层模块化单元。开放式模块可提供50名工作人员的办公场所，并留有单独的外部通道。经过一个周末的施工，在不影响现有建筑使用的情况下，利用一台500t的起重机安装了全部装配好的模块，并对轻质模块的自重和楼板荷载进行了评估，来确保模块不会对现有建筑的结构和地基造成超负荷影响。安装过程如图7.14所示。

图7.13 吉尔福德 Royal Surrey医院的模块化建筑
（Foremans Relocatable Building Systems公司提供）

图7.14 在哈罗盖特地区医院安装开放式屋顶组件（Yorkon公司提供）

7.4　医疗建筑的尺寸要求

采用模块化结构的医院和医疗建筑在设计时应满足特定的尺寸要求。因此，模块供应商在早期的参与，对于优化模块化建筑布局至关重要。

首选的尺寸以1200mm的网格或以600mm的分数为基础。模块化网格的常用尺寸为3.75m或4.2m。

医疗机构房间推荐尺寸要求非常详细，下面给出了最低要求。

通常情况下，它们不符合重复使用模块单元时可能首选的规划网格。

- 走廊宽度——主走廊宽度为3m，或病房/工作区为2.25m，重症监护设施为2.3m；
- 电梯厅——4.7m宽，床位电梯内部井道2.4m×3.0m；
- 手术室平面尺寸——6.5m×6.5m，高3m，顶棚深700mm，以便安装空调和

其他服务设施；
- 麻醉室平面尺寸——3.8m×3.8m；
- 洗手间——宽度不小于1.8m；
- 康复室/重症监护室——7.2m×3m（两张病床）；
- 护理室——3.9m×3.3m（单人床）或多人间每床8m²；
- 病人淋浴室——1.4m×1.4m；
- 病人浴室——3.5m×4.35m；
- 放射学/放射治疗——考虑设备重量（最多14t）和结构屏蔽（一般采用铅嵌件或厚混凝土墙）；
- 实验室面积应足够大，以保证高度的使用灵活性。

楼梯应符合《建筑规范》的要求，包括楼梯的间距、宽度、净空高度、长度、平台尺寸、栏杆、防火等。楼梯宽度取决于火灾逃生情况。例如，公共建筑的楼梯宽度至少应为1m，装配式建筑应为1.1m。特殊疏散情况下需要更宽的楼梯（最宽1.8m）。

案例研究28：布里斯托尔、科尔切斯特和斯托克顿的模块化医疗系统

布里斯托尔埃默森斯格林医院入口区
（Yorkon公司提供）

斯托克顿医院接待区内景
（Yorkon公司提供）

位于布里斯托尔（Bristol）的Emersons Green NHS治疗中心，是一座耗资1500万英镑的外科医院，包含4个手术室、诊断室和X射线室、33张病床、接待处、咖啡厅和行政区。这座3层4840m²的建筑由114个长达14m的钢模块组成，仅用3周时间就在现场安装完毕。

Yorkon公司为医疗服务提供商——英国专科医院（UKSH）提供模块，该项目由建筑师TP Bennett设计。整个项目的施工时间仅8个月，部分建筑提前交付，以便于装修。

建筑采用雪松木板覆面，局部采用陶土渲染和铝制防雨帷幕覆面，与玻璃中庭形成鲜明对比。在手术室使用的模块中铺设了混凝土地板，以容纳高度振动敏感的医疗设备。服务监控、节水装置、遮阳以及相邻服务建筑的"绿色"屋顶都体现了可持续发展的特点，材料回收率达到92%，医院内的车辆通行量减少了90%。

Yorkon公司还为承包商基尔建筑公司在科尔切斯特（Colchester）完成了一座价值2000万英镑的医院大楼，（属21项采购项目之一）。建筑师是Tangram Associates。该

项目的模块部分价值约为1000万英镑。所有148个模块在17天内安装完毕，整个施工计划仅用了7个月，预计节省了45%。

这座3层高的全模块化建筑可提供70张病床、护理中心、诊疗室、外科病房、办公室、学校教室、餐厅、厕所、储物间等。这些模块长14m，宽3.3m，每个重达12t。该项目还在整个建筑的模块中使用了预装的混凝土地板。

外墙由隔热帷幕、雨幕和幕墙组成。模块围绕一个庭院布置，这也是建筑概念的一部分。该建筑是采用模块化结构设计的布局最复杂的建筑之一，一个主要特点是设计了四个床位，每个床位都有一个窗户。

另一个使用Yorkon公司非现场建筑系统的例子是位于斯托克顿（Stockton）的North Tees大学医院。与Interserve项目服务公司合作的这个价值280万英镑的采购项目，包括建造和装修一个提供42个床位的紧急评估单元。这座1710m²的单层扩建工程由42个模块组成，在几天内完成安装以最大限度地减少了对病人的干扰，并大大缩短了新设施的启用计划时间。

案例研究29：使用木材和钢模块的路易斯汉姆医院

用于扩建路易斯汉姆医院的模块

作为伦敦南部的路易斯汉姆（Lewisham）医院大型扩建项目的一部分，承包商Kier Lodon公司采用木质和钢质模块混合结构建造了一个新的门诊套间。该医院相邻医疗大楼之间的通道非常狭窄，选择模块化建筑可以使医院大楼在最短的时间内建成，并将现场交付工期和噪声降到最短和最低。

这座3层建筑采用了Terrapin生产的非标准模块宽度。该项目必须满足一系列严格的美学、性能和环境标准。该建筑的设计目标是达到英国建筑性能评估体系（BREEAM）的"非常好"的标准，这意味着它必须满足气密性和能耗方面的高效能

的要求。其他环保功能还包括一个景天绿植的屋顶。

为了确保邻近走廊地板之间的回声最小，该项目采用了通过加固高强度地板以减少声音传递或振动的解决方案。此外为避免现场组装，建筑师设计了一个集成管道系统（IPS），通过框架式组装来加快现场安装速度。

外立面装饰的选择与现有结构的围护相匹配。新旧相连的建筑采用了相同的装饰。此外，大楼屋顶还专门设计了一个维修工作安全区。

参考文献

Building Regulations (England and Wales). (2013). Approved document M—Access to and use of buildings. In *Design considerations*. Hospital Technical Memorandum (ЧTM) 2045. Department of Health, Stationary Office, Milton Keynes, UK. (Largely replaced by later HTMs.)

Department of Health. (2001). *Facilities for diagnostic imaging and interventional radiology*. Health Building Note (HBN) 6. Stationary Office, Milton Keynes, UK.

Department of Health. (2004a). *Facilities for surgical procedures*. Health Building Note (HBN) 26. Stationary Office, Milton Keynes, UK.

Department of Health. (2004b). *Sterile services department*. Health Building Note (HBN) 13. Stationary Office, Milton Keynes, UK.

Department of Health. (2005). *Facilities for mortuary and post mortem room services*. Health Building Note (HBN) 20. Stationary Office, Milton Keynes, UK.

Department of Health. (2007). *Specialised ventilation for healthcare premises. Part A. Design and validation*. Health Technical Memorandum (HTM) 03-01. Stationary Office, Milton Keynes, UK.

Department of Health. (2008). *Acoustics*. Health Technical Memorandum (HTM) 08-01. Stationary Office, Milton Keynes, UK.

Department of Health. (2012). *Acoustics: Technical Design Manual 4032*. Stationary Office, Milton Keynes, UK.

Department of Health. (2013a). *Sanitary spaces*. Health Building Note (HBN) 00-02. Stationary Office, Milton Keynes, UK.

Department of Health. (2013b). *Main renal unit*. Health Building Note (HBN) 07-02. Stationary Office, Milton Keynes, UK.

Health Protection Agency, Advisory Committee on Dangerous Pathogens. www.hpa.org.uk.

Health and Safety Executive. (2013). Advisory Committee on Dangerous Pathogens (ACDP). http://www.hse.gov.uk/aboutus/meetings/committees/acdp/index.htm.

ISO. (1999). *Cleanrooms and associated controlled environments. Part 1. Classification of air cleanliness*. ISO 14644-1. Geneva.

ISO. (2000). *Cleanrooms and associated controlled environments. Part 2. Specifications for testing and monitoring to prove continued compliance with ISO 14644-1*. ISO 14644-2. Geneva.

ISO. (2001). *Cleanrooms and associated controlled environments. Part 4. Design, construction and start-up*. ISO 14644-4. Geneva.

ISO. (2004). *Cleanrooms and associated controlled environments. Part 5. Operations*. ISO 14644-5. Geneva.

ISO. (2005). *Cleanrooms and associated controlled environments. Part 3. Test methods*. ISO 14644-3. Geneva.

第8章

学校和教育建筑

在教育领域，使用模块化教室作为应对短期扩招学生人数的手段由来已久，有些单元的使用年限已远远超过其预期寿命。单层活动板房仍然是短期住宿的热门选择。

不过，模块化建筑越来越多地用于建造永久性教育建筑，本章将对此进行回顾，尤其是教育建筑中模块的尺寸要求具有行业特殊性。

8.1 模块化教学楼的特点

模块的配置和布局可根据个人需求进行设计，但在教育领域有一些共同特点。开放式模块最多可四个一组，组成一个较大的教室。如果在2层以上的建筑中使用开放式模块，则必须使用单独的支撑系统来确保模块组的稳定性。在学校，垂直支撑可以设置在楼梯旁边和端部的檐口处。

Yorkon公司是英国专门设计教育建筑的主要供应商之一。客户可从6～18.75m长度不等的模块中进行选择。模块单元的标准内部宽度为3m或3.75m，但也可根据订单生产和供应非标准尺寸。如图8.1所示，模块上可以安装各种现场安装的围护系统或工厂安装的标准围护。

通常情况下，校舍的模块化部分与开放式的入口和交通空间相结合，用钢结构建造。对于某些模块化供应商来说，这可能是模块化系列方案的一部分。图8.2展示了在一个整体模块化的建筑的入口区域使用钢结构的优秀例子。

以下是一些模块化校舍的实例：约克高中扩建项目包括了两种不同尺寸的52个模块单元，仅用6天时间吊装就位，减少了对学校日常工作的干扰。这座2层的1900m²的建筑取代了一些现有建筑，并容纳了部分专业设施。该建筑仅用6个月就完工了，与传统建筑相比，最多可节省6个月的时间。

维甘（Wigan）附近的一所中学，在暑假期间使用Foremans公司提供的模块新建了13间教室。建成后的教学楼如图8.3所示。模块的四角用螺栓固定了遮阳板，以增加强度。位于伦敦西北部的布伦特的Alperton社区学校新建了一所中学，全部采用翻新的模块单元。这个2层楼的方案使用了46个模块。该方案的其他特点还包括预安装的木材围护、节能照明、遮阳和节水装置。

Elliott Group Ltd.使用开放式模块在肯特郡布罗姆利的Hayes学校建造了一座新的2层图书馆和其他专业教室。建筑外墙采用隔热底灰和雪松木，并设计了屋顶悬挑遮阳。外部和内部视图如图8.4所示。

CABE（2010年）还通过向客户提供信息，推动学校更好地进行设计。改善学校厕所是"为未来建设学校"（BSF）计划的一部分。模块化厕所已由各供应商根据该部门提供儿童、学校和家庭（DCSF）学校厕所标准规范、布局和尺寸（SSLD）。

图8.1　使用模块和现场安装围护建造的校舍（Yorkon公司提供）

图8.2　在学校入口区混合使用钢框架和模块（Yorkon公司提供）

图8.3　维甘附近的一所中学使用的带预加工围护的模块
（Foremans Relocatable Building Systems公司提供）

图8.4　学校建筑中使用的开放式模块示例（Elliott Group Ltd.提供）

图8.5 使用木模块和围护的小学（Terrapin公司提供）

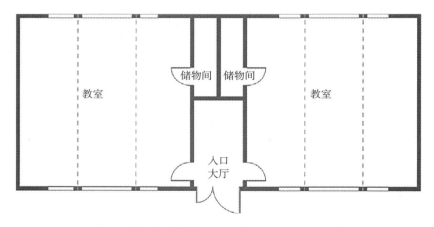

图8.6 单层小学模块组平面图（Terrapin公司提供）

模块化校舍可使用轻钢模块建造，但Terrapin公司已为这种应用开发了定时Unitrex系统，详见第4章。图8.5举例说明了使用该系统建造单层小学的情况。图8.6显示了由7个模块组成的临时或永久性单层教学楼的布局，其中模块内部长8m，宽3m。

8.2 学校的尺寸要求

英国教育与技能部在第98和99号简报（2004年a，2004年b）中提供了有关英国中小学建筑尺寸规划的指导。在规划学校建筑时，应注意以下几个重要方面：

- 开放式学校——以1200mm × 1200mm的网格为基础，室内净高3m，便于采光和自然通风；
- 小学——教室最好为方形，净面积63 ~ 70m²，具体取决于班级人数，32名学生的班级面积为8.4m × 8.4m（即每名学生2.2m²）；

- 中学——教室大小因教学科目和班级人数而异。标准教室的净面积为60m²，信息和通信技术（ICT）专用教室或语言实验室的教室面积增至77m²。传统课堂教学的空间需求相当于每名学生2.0m²，专业教室的使用面积应每名学生3.0m²。

中学的科学或实践室的面积一般为90~105m²。图书馆/媒体中心的面积相当于每个学生0.35~0.5m²。

- 中学在空间使用方面需要更大的灵活性，一般房间面积为10m²或10m×12m；
- 一个厕所最多可容纳20名学生和10名

工作人员，还需配备残疾人设施，占地面积相当于教学面积的4%~7%；
- 餐厅和体育馆一般需要较大和较高的空间。

在模块式建筑设计中，对于小学来说，3个2.8m宽，跨度为8.4m的敞开式模块是最佳选择；对于中学来说，3个或4个3.3m宽，跨度为10m的模块是最佳选择。模块的内部高度3m，这意味着模块的外部高度3.6~3.9m，具体根据地板和顶棚的综合厚度。

一个单层学校可包含16个开放式模块组成的四个教室，以及厕所、储藏室和办公室（图8.7）。如上所述，3个模块组成1间教室，3个类似大小的模块组成厕所、办公室

图8.7 一组模块组成不同教室的平面图（BW Industries提供）

图8.8 埃塞克斯郡学院由一组模块组成的画廊和中庭的平面图（Elliott Group Ltd.提供）

和大厅。

一般情况下，学校净面积的25%左右为交通空间。教室区域的走廊宽度至少为2m，或者如果一面墙设有储物柜，则宽度应为2.7m。楼梯宽度根据火灾逃生情况而定，学校楼梯的最小宽度为1.25m，多层学校为了快速疏散，通常需要更宽的楼梯（最宽1.8m）。楼梯的升高/踏步尺寸一般应为170/300mm，楼梯的净空高度至少2m。

图8.8展示了埃塞克斯郡（Essex）一所高中对带有画廊和中庭屋顶的模块群的有趣利用。在这种简洁美观的结构形式中，模块同时支撑着长廊和屋顶。

厕所和更衣室的位置应兼顾隐私和监督的需要。小学越来越多地采用男女分用的厕所设施，设有全高的厕所隔间和门，直接通向通道区，这样更便于监管。带淋浴的更衣室应设在室内和室外体育活动场所附近，更衣区的大小应满足半个年级组的需要，男生和女生分别配备不同的设施。学校应为每个学生提供至少0.9m²的空间，为每个残疾人提供5m²的空间，还应包括教职工的更衣设施。学校应为每六七名学生提供一个淋浴间，单个淋浴间的面积至少1.25m²，外加一个烘干区。

用餐和厨房空间取决于计划提供的空间。11~16岁学生的用餐/社交空间一般为每个学生0.9m²。在其他时间里，这些空间通常被用作其他用途。厨房的面积取决于餐饮系统。

8.3 对学校的其他要求

根据教室和其他房间的朝向，可能需要安装遮阳设施，以防止过多的太阳辐射。教室应尽可能提供自然通风，并应注意声环境，包括房间之间的隔声和房间内部的吸声，以减少不必要的混响。供暖、照明和通风最好采用局部自动控制，在特殊情况下可采用手动控制。

案例研究30：威尔士和伍斯特郡的模块化教育建筑

位于布雷肯（Brecon）的基督学院
（Yorkon公司提供）

伍斯特郡（Worcester）的Bewdley高中入口区
（Yorkon公司提供）

在2009年11月举行的"建筑师与工程师奖"颁奖典礼上，采用Yorkon公司模块完成扩建的一所大学荣获了"未来学校建设奖"。奖项表彰了该项目高质量的设计，以及如何将建筑最佳实践应用到几乎完全采用场外技术建造的教育项目。

模块化结构的使用有助于确保布雷肯基督学院耗资130万英镑新建的Hubert Jones科学中心，在极具挑战性的现场环境下仍然可以短短5个月内完工，并且将对员工和学生的影响降到最低。16个模块是在学校放假期间安装的，两间物理实验室和两间生物实验室、一间高中项目室和实验室技术人员房间围绕着一个2层高的中央中庭，该中庭可作为额外的教学区和展览空间。

校园位于布雷肯的比肯斯国家公园（Beacons National Park）内，因此设计中采用了威尔士砂岩等当地材料，以及隔热灰泥和当地木材围护。此外，还采用了一系列可持续设计，如太阳能热水器、节能照明、自然通风以及模块结构的高隔热性能。

这座模块化建筑是通过设计和建造合同采购的，由P+HS建筑事务所设计。该建筑设计使用灵活、适应性强，可根据学校未来的要求进行重新配置。模块内部宽3.3m，因此三个开放或封闭的模块就组成了一个大教室。模块内墙不承重，内部净跨度达12m，可有效布局教学空间和实验室。

Yorkon模块化系统的另一个应用实例，是伍斯特郡的Bewdley高中，为学校新增的360名学生提供了急需的空间。该项目是首个使用生物质燃料供暖的模块化建筑实例。

这座2层建筑包括12间教室、2个科学实验室、1个创意区和1个行政中心。共安装了60个模块，内部净跨度12m。如上图所示，学校入口区采用管状钢和工字钢建造，雨幕围护采用木质耐候板。

案例研究31：韩国首尔的学校扩建

弧形屋顶的扩建学校竣工图

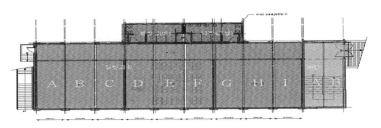

楼梯和卫生间模块的平面图

韩国首尔教育当局希望在现有学校内增加学生学位，并转而采用模块化结构来解决这一问题。2003年，位于首尔市中心的Shin-Yi中学成为新型模块化建筑系统的示范，该系统由浦项钢铁公司设计，Design Buro公司协助完成。

9间教室模块长12m、宽3m，3个模块组成一个9m×9m的教室。模块使用300mm厚的槽钢作为地板边梁，顶棚使用200mm厚的槽钢，横跨100mm见方的空心型钢柱之间。学校由2层类似的模块组成，中间楼层的总厚度仅为600mm。风荷载的稳定性由梁与柱之间的螺栓连接。

4个3.3m宽、6m长的厕所模块，在生产时都铺设了混凝土地板，以便冲洗。楼梯的围墙是在现场建造的，但在后来的项目中，楼梯是作为模块制造的。凸出的屋顶是用弧形的轻钢板形成的，轻钢板放置在模块的侧墙上，檩条横跨在这些墙之间。教室外侧模块的侧墙采用轻钢填充墙，并用支撑物增加稳定性。围护采用隔热板的形式，直接固定在填充墙上。

建筑工程是在2个月的暑假期间进行的，模块被准确地放置在条形基座上。22个模块穿过首尔繁忙的街道，用100t重的起重机在3周内安装完毕。从那以后，韩国利用这个项目的经验，用模块形式建造了许多其他校舍。浦项钢铁公司还利用同样的模块化建筑系统建造了4层高的军营。

案例研究32：使用木模块的纽汉姆中学

　　Terrapin为伦敦东区的纽汉姆中学提供了一个快速解决方案，满足其对额外学习空间的需求。这座440m²的单层教学楼采用Unitrex系统的板式木结构单元进行设计和建造，从现场开工到竣工交付仅用了4周时间，对学校的影响降到了最低。大楼的模块化单元在一天内就安装完毕，从奠基到交付使用仅用1个月时间。

　　该建筑包括一个入口大厅、4间38m²和2间45m²的教室、开放式员工和办公场所、一对一会议室以及储藏区，外墙采用西部红雪松水平围护，各种尺寸的窗户营造出有趣的外墙细部。

　　模块化教学楼的跨度从4.8～12m不等，以1.2m为单位递增，单层或双层结构的建筑面积可达2000m²。双坡屋顶可使用传统瓦片，单坡屋顶可使用轻质覆盖物，根据个人需要选择隔墙系统和墙面装饰，以及电气和机械装置。

参考文献

Commission for Architecture and the Built Environment (CABE). (2010). *Creating excellent primary schools. A guide for clients*. London. www.cabe.org.uk/files/creating-excellent-primary-schools.pdf.

Department for Education and Skills. (2004a). *Briefing framework for secondary school projects*. Briefing Bulletin 98 (BB98). Annesley, UK. (Revision of BB82: *Area guidelines for schools*.)

Department for Education and Skills. (2004b). *Briefing framework for primary school projects*. Briefing Bulletin 99 (BB99). Annesley, UK. (Revision of BB82: *Area guidelines for schools*.)

Department for Education and Skills. (2007). *Standard specifications, layouts and dimensions: Toilets in schools*. Nottingham, UK.

第9章

专业建筑

模块化建筑可设计多种专业建筑类型，包括：

- 超市；
- 零售店；
- 加油站；
- 军用营房；
- 监狱和安全住所；
- 机场建筑；
- 办公建筑；
- 实验室。

所有这些类型的建筑都有一个共同特点，即它们可以在工地外高效制造，重复性高，质量控制好，而且可以在工地物流需要的地方快速安装，将干扰降到最低。

9.1 超市

Yorkon公司专门为乐购超市（TESCO）开发了一种大跨度模块化系统，该系统基于一个长18.75m、宽3.75m、高4m的专为单层零售应用设计的开放式模块。该系统已被用于存在现场物流问题的偏远地区，以及对安装速度和最大限度减少干扰要求高的场所。

楼板和屋顶模块的边梁一般深350mm。模块以3.5m的连续支撑在其底座或衬垫基脚上，以便边梁可承受高达5kN/m²的楼板荷载。顶棚上的边梁在模块的开放跨度上支撑屋顶和服务荷载。中间支柱可用于减少净跨度。服务设施安装在单层模块的地板下，如图9.1所示，这是迄今为止建成的最大模块化超市。在奥克尼的一个项目中（见案例研

图9.1　位于沃里克Southam的单跨开放式模块超市（Yorkon公司提供）

图9.2　模块化加油站
（Caledonian Modular公司提供）

图9.3　采用装配式模块单元的快餐店
（Elliott Group Ltd.提供）

究33），26个模块在3d内安装完毕，3周后超市开始运营。

9.2　零售店和加油站

零售店和其他小型零售单元通常采用模块化结构，因为它们易于搬运和移动。加油站也通常采用模块化结构，因为它们高度标准化，安装速度对业务运营至关重要。图9.2展示了一个由加油站单个模块组成的商店实例，英国各地有数百个加油站都采用这种形式。

自20世纪90年代初以来，模块化建筑在快餐店中的应用已经非常成熟，但也为该行业开发了2层模块化建筑，如图9.3所示，该项目最近在Bognor Regis实施。

9.3　军用营房

模块化建筑已被用于各种类型的安全住所，包括国防建筑和军营。这类住所通常以总承包方式或设计-建造方式采购，包括内部设施和固定安全系统。非现场施工可以减少现场劳动力，从而最大限度地减少所需的安全许可数量。模块可以用轻钢框架或预浇混凝土制造。

军队单身宿舍（SLAM）项目在8年内采购了10000套宿舍，全部采用模块化结构。这些单元由Aspire公司，一家有多家模块供应商参与的合资企业负责交付。图9.4展示了典型的模块化军事住宿建筑。首批完工的军用营房项目之一位于索尔兹伯里平原，其设计符合BREEAM"优秀"的标准（见案例研究）。

《伍尔维奇单身宿舍现代化改造研究》（*Woolwich Single Living Accommodation Modernisation Regeneration*）（2008年）回顾了伦敦东南部伍尔维奇军用营房项目中废弃物减少与回收的情况。在该项目中，模块采用轻钢框架制造，模块外表面附有薄钢板，以增强抗爆炸碎片的能力。宿舍楼一般为2层或3层，使用的模块通常宽3.6m、长7m。楼梯采用模块结构，走廊则采用平面结构。与传统建筑相比，施工时间缩短了60%

图9.4　完全采用模块化结构的典型3层军用营房（Rollalong公司提供）

以上，更重要的是，现场工作人员减少了70%。

　　混凝土模块还可用于对安全性要求较高的各类建筑。Brooker Hennessy（2008年）在第3章对施工技术进行了修订。图9.5展示了军用营房系统中使用混凝土模块的案例。在该项目中，每个4m宽的模块可容纳两名军人。

9.4　监狱和安全住所

　　英国政府耗资12亿英镑的监狱建设计划，到2014年新增15000个监狱名额。政府计划建造3座超大型监狱，每座可容纳约2500名囚犯，并建议采用非现场和预制的建造方法，以降低成本并提高质量。

　　有以下几家公司生产适用于建造监狱和其他安全设施的专用模块。

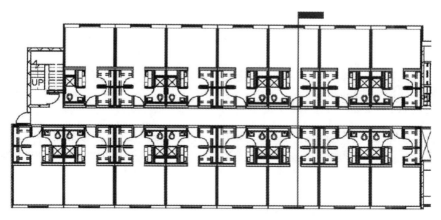

图9.5　军营模块平面图（Oldcastle Precast公司提供）

9.4.1 钢制监狱模块

钢制监狱模块获英国司法部批准，可用于B类和C类制度，适合用作永久性拘留设施。一个完整的模块单元由6个囚室组成。每个囚室的建筑面积为7.2m²，为单人囚室，配有独立的淋浴、盥洗盆和卫生间。模块单元外部有一条维修管道，可为维修提供通道。钢制走道平台在场外制造并安装到模块上，它可在现场折叠，并与下一个单元的走道相连。

9.4.2 混凝土监狱模块

预制混凝土模块广泛用于监狱等安全场所。牢房之间的墙壁和屋顶是使用专用模具一次浇筑完成的，这种模具设计自动化脱模过程。如图9.6所示，窗格和门框被浇筑到混凝土墙中，地板、墙壁和顶棚的表面实现了无缝连接，这对结构的完整性和安全性都很重要。预制模块单元的生产周期为6d，以便进行混凝土养护等工作。

一个典型的预制混凝土模块可能包含2~4个囚室，重约40t。预制混凝土囚室一般采用开放式底座，底层单元放置在准备好的地面板上。下层单元的屋顶形成上层单元的楼板。各单元之间的对外服务由一个可接入的服务区连接，详见第15章。

混凝土过道可作为单元模块的一部分浇筑。图9.7展示了一个由一对囚室组成的模块被吊装到位。沿着一排囚室的外墙有一条后槽沟，这样就可以在不影响监狱日常工作的情况下对机械系统进行维护。然后对外墙进行隔热和包覆，以围住后追逐区。图9.8展示了一组已完工的单元。

图9.7 为满足安全需求浇筑的窗栅
（Precast Cellular Structures Ltd.提供）

图9.6 英国皇家监狱罗切斯特的建筑
（Britspace公司提供）

图9.8 混凝土单元（Oldcastle Precast公司提供）

案例研究33：奥克尼岛的模块化超市

超市单层模块的安装（Yorkon公司提供）

向奥克尼运送模块（Yorkon公司提供）

为了加快安装速度，减少调试和施工过程中的干扰，超市越来越多地采用全模块化形式建造。这一点在传统施工方式较为困难的地方尤为重要，例如现有超市旁边或偏远地区。在为奥克尼岛柯克沃尔（Kirkwall）的乐购超市项目中，26个专门建造的模块通过陆路交付，从约克郡的Yorkon公司运到威克港，然后再运到奥克尼岛。

2500m²超市的施工期缩短至3周，特别是在模块安装和建筑内部装修期间，工地上现有的超市仍可继续营业。该项目的承包商是Barr Construction公司。

模块长15m，宽3.3m，高3.5m，内部高3.6m，除了建筑外围的模块有填充墙外，其他模块都是完全开放式的。纵向放置的两个模块组成了30m宽的超市。

100m×100m相邻模块的方矩管（SHS）角柱集中在一起，在商店布局的适当位置形成包裹柱。服务路线被纳入模块内，以适应超市内的过道位置。

从结构上看，模块中350mm厚的C形截面屋顶梁跨度为15m，但类似大小的地板梁由间距为3m的混凝土基脚支撑。地板的设计荷载为4kN/m²，适用于各种应用。稳定性由模块外围墙壁的独立垂直支撑提供，风力由模块之间的连接传递。

超市内的设施还包括冷藏室、办公室、储藏室、储物间和机房，这些设施在交货前已全部安装完毕。上图为模块从威克港运往奥克尼岛的运输过程。Yorkon公司已在英国建造了200多个类似的单层便利店、售货亭和加油站。

案例研究34：索尔兹伯里附近的军事住宿区

军用营房外景

模块在Tata Living Solutions' Shotton工厂吊装完成

英国国防部（MoD）委托Aspire Defence Ltd.在索尔兹伯里平原和奥尔德肖特（Aldershot）附近为军人和平民提供高质量的住宿。Corus Living Solutions（CLS）获得了设计、制造和安装模块化住宿单元的分包合同。该项目为约18000名军事和文职人员提供生活和工作住宿，其中包括10700个单人住宿单元（SLA）。

2005年，CLS在威尔特郡的Perham Down建造了第一座初级官兵宿舍楼，随后6年内又建造了145座类似的宿舍楼。3层的宿舍楼可容纳36名士兵。该建筑分6个单元，每个单元住6人，屋顶还设有一个机房。每间卧室都有一个独立的淋浴室和一个公共休息室。

该建筑由51个房间模块组成，由CLS在位于威尔士北部肖顿的半自动化生产线制造。房间模块作为安装和服务设施齐全的建筑模块运送到现场。该建筑的模块仅5天就安装完毕。

每个卧室单元宽3.38m，高3.38m，长4.96m（内部尺寸），墙板由100mm×55mm×1.8mm的材料制成C型钢，内部衬有单层铝箔面防火石膏板和单层防火石膏板。模块墙壁上的支撑件可抵御风荷载。

决定采用模块化而非传统施工，主要是受客户对快速施工的要求以及将施工人员带到国防部安全地点的复杂后勤工作的影响。此外，客户还要求尽量减少对这些使用频繁场地的干扰，并满足高质量标准。使用模块化建筑不仅更容易满足这些要求，还具有制造经济和单点采购的优点。

从外部看，模块墙壁使用防潮石膏板，然后再用砖砌和砌块砌筑以保证每个模块的顶部在运输过程中以及在安装永久性屋顶之前都受到保护。

根据模块所承受的风荷载，这种建筑系统可设计用于高达5层的建筑。许多其他军用营房项目都采用了一系列供应商提供的模块系统。

案例研究35：米德尔塞克斯郡和约克郡的军用营房

从庭院俯瞰2层和3层建筑（Caledonian Modular公司提供）

在SLAM和Aspire计划中，模块化建筑被广泛用于军事住宿，因为它大大缩短了现场施工时间，而且在场外施工过程中只需要少量经过安全许可的人员。位于米德尔塞克斯郡的诺斯伍德总部重建项目为199名高级军官和279名低级军官提供了高质量的住宿，同时还提供了公共和公用设施空间。

Caledonian Modular公司生产了315个模块，并设计安装了屋顶和墙面，以及所有的机械和电气设备。这是因为项目经理和客户Carillion十分看重单一的施工来源。模块宽3.6m，高度从12.3~17.2m不等，包括一条中央走廊。住宿设施分为单模块和双模块，建筑高度2~5层不等。

这个复杂的物流项目的总工期为18个月，与传统建筑相比节省了大量成本。得益于高度的隔热性和气密性，该项目达到了BREEAM"优秀"的标准。此外，模块中还安装了带整体管道的机械通风和热回收系统。外墙采用了带特色木板的隔热帷幕。模块在制造过程中增加了外层，以实现抗爆性。

Caledonian Modular公司还在英国皇家空军威特林和莱孔菲尔德、卡泰瑞克的马恩军营完成了其他项目，在过去8年中，作为SLAM计划的一部分，已建造和安装了10000个模块。位于约克郡东部的莱孔菲尔德皇家空军基地的项目也由Carillion管理，其中还包括一个2层的医疗设施。单坡屋顶是作为3.6m宽模块的一部分制造的，模块交付时的最大高度为4.1m，以便于道路通行。病房空间采用开放式模块，而专科病房则采用单模块或双模块。该项目是根据与国防部签订的最高价格目标成本（MPTC）合同采购的，包括所有必要的医疗设备。

案例研究36：诺丁汉和利物浦的模块化监狱

安装中的预制混凝土模块（Pre-cast Cellular Structures Ltd.提供）

由于混凝土模块具有极强的抗破坏性，因此经常被用于安全住所、监狱和国防建筑等其他高度安全的应用领域。位于南安普敦的Composite公司成立了PCSL公司，为监狱设计、制造和安装混凝土模块。PCSL公司在英国有两个生产基地。迄今为止已生产了约2000个混凝土模块，其中最大的一个是利物浦的一所600个单元的监狱。另一个位于诺丁汉的项目，由340个单元组成。

监狱和安全住所的建造采用总承包或设计建造方式，包括内部设施和固定安全系统。一个包含180个单元的监区可实现在38周内完成施工计划。此外，安装砖砌围护和其他外部特征的设计不在时间线上，因为它可以在耐候性能良好的改装建筑内部完工时进行。

为最大限度地提高效率，通常在一个模块内生产多个单元。卫生间、配房和多功能厅也可作为完整的模块单元交付。核心区域通常使用L形和T形墙板，以便在安装过程中保持稳定。可轻松实现高达5层的设计。创新还包括通过在楼板中嵌入管道来实现地暖。

模块的安装重量可达25t，一般由150t履带式起重机负责安装，该起重机位于项目现场的重要位置。屋顶结构通常采用钢结构，由预制墙体或模块化预制构件本身支撑。

参考文献

Brooker, O. and Hennessy, R. (2008). *Residential cellular concrete buildings*. A guide for the design and specification of concrete buildings using tunnel form, crosswall, or twinwall systems. CCIP-032. Concrete Centre, London.

WRAP. (2008). Woolwich single living accommodation modernisation (SLAM) regeneration. http://www.wrap.org.uk.

第10章

混合模块化建筑系统

与单一用途建筑相比，混合用途建筑需要提供灵活的空间和更广泛的服务。商业区通常需要开放式空间，而卫生间和专业设施则需要单元式空间。这意味着这些建筑通常需要采用模块化和其他形式的开放式或适应性强的建筑技术。可选择的结构系统范围取决于以下因素：

- 开放式空间和单元式空间的相关需求；
- 单元空间的重复性；
- 不同用途的服务要求；
- 楼梯、电梯和垂直支撑的位置；
- 模块的承重能力；
- 将来改变用途（改装）的需求。

模块（三维）可与平面（二维）和骨架（一维）构件相结合，创造出更加灵活、适应性更强的建筑形式，本章将对此进行探讨。

10.1 模块和面板系统

混合建筑的一种形式是将模块与平面承重墙板和地盒式地板相结合，这在SCI P-348号文件中有所介绍（Lawson，2007年）。在这种建筑形式中，模块提供了通常服务设施较为完善的单元空间，而平面构件则提供了开放式空间。模块是垂直堆叠的，因此可以承受自身的荷载和来自入户楼层的荷载。地板盒式模块的厚度最好与相邻模块的地板和顶棚的总厚度相同。

厨房和浴室可使用模块，其位置应便于将它们组合在一个模块中，并且服务通道便于维修的进出。模块的地板和顶棚的总厚度约450mm。这种类型的建筑首次在富勒姆的Lillie路项目中使用，竣工后如图1.14所示，施工期间如图10.1所示。承重的浴室模块在前景中能看到，X形支撑的轻钢墙壁在侧面。

模块供应商Elements Europe公司基于上述概念开发了一种名为Strucpod的系统，使用承重式浴室模块与轻钢框架相结合。该系统已应用于一栋8层学生宿舍，详见本章的案例研究。

TATA STEEL公司的一个示范项目（欧盟委员会，2008年）使用了长条形的木-钢复合次梁，将其安装在楼板盒式模块中，横跨在模块内的钢柱之间。如图10.2和图10.3所示，该系统旨在打造城市露台街景。

这种平面和模块化结构的混合技术有4个主要组成部分：

- 浴室、厨房和楼梯模块，在平面墙的帮助下确保建筑的稳定性；
- 大跨度地板提供灵活的居住空间，可自由进行内部分隔；
- 承重平面隔墙；
- 非承重外墙。

为了最大限度地利用建筑的平面面积来

图10.1 富勒姆市Lillie路项目中的组合模块和面板（竣工状态见图1.14）

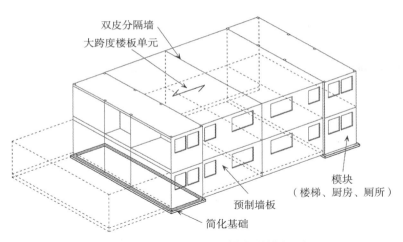

图10.2 采用模块和面板混合结构的城市露台

图10.3 使用模块和面板混合结构的示范建筑

提供可调整的居住空间，每个楼层都有一个楼梯/电梯模块通往相邻的两套公寓。楼梯模块宽2.6m，长10.5m。相邻两套公寓的浴室和厨房模块宽4.3m，内部设有隔离墙。厨房采用开放式设计，与起居室形成一个开放式空间。为此，在5.5m长的厨房/浴室模块中使用了中间方形空心型钢（SHS）立柱。模块的地板厚200mm，顶棚厚150mm，模块中

地板和顶棚的总厚度为450mm。

使盒式模块的地板厚度等于地板和顶棚模块的组合厚度，因此模块与承重隔墙之间的跨度可达6m。如图10.4所示，所创建的生活空间可以适应用户的需求。在这种布局中，一层被布置成一居室公寓，标准层被布置成两居室公寓。

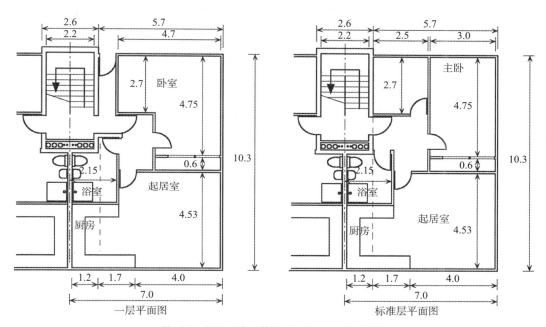

图10.4　图10.3中示范楼一层和标准层房间布局

10.2　使用混合结构的平面示例

图10.5举例说明了一个由相邻公寓组成的3层或4层住宅建筑，该建筑混合使用了模块和平面构件。厨房和浴室模块垂直堆叠，地板直接横跨在山墙或分隔墙之间，并且也由模块支撑。在本例中，楼梯也作为一个单独的模块安装，在每个公寓的54m²建筑面积中，这些模块约占建筑面积的20%。模块化结构中的双层墙为公寓提供了必要的隔声功

能和防火间隔功能。

在2层或3层的房屋中，厨房和卧室模块可能会垂直堆叠，如图10.6所示，并且模块的一侧构成了排屋之间的部分分隔墙。在本案例中，隔墙之间的楼层跨度4.8m，其中楼梯不是模块的一部分，位于建筑物的横向位置。图10.7展示了使用这种模块的3层房屋的横截面。模块的上部分可以用折叠式屋顶制造。

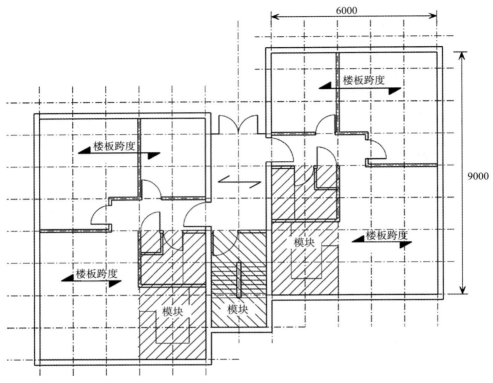

图10.5　使用混合模块和大跨度楼板盒的公寓布局

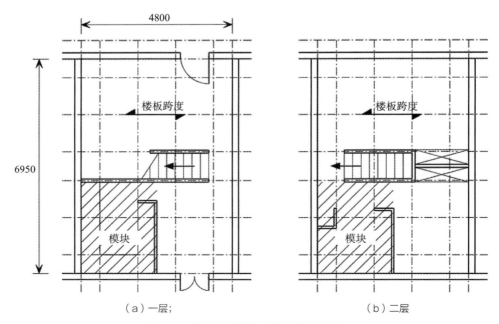

（a）一层；　　　　　　　　　　　（b）二层

图10.6　使用混合模块和楼板盒的房屋布局

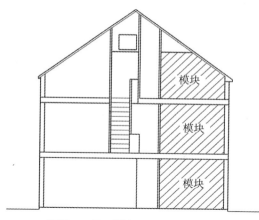

图10.7　显示模块位置的房屋横截面

10.3　模块与模块之间的连接细节 地板盒式模块

图10.8展示了由模块支撑的大跨度楼板盒式模块的细节。地板隔栅的高度与模块地板和顶棚的总厚度一致，格子本身由宽度为70mm或100mm的C型钢组成。地板盒式模块的厚度一般为350mm，因此地板的总厚度为450mm，包括次梁下面的石膏板和上面的隔声层。地板盒式模块的周边C型钢足够硬，因此盒式模块可以横向跨越小开口。地板盒

式模块由放置在下层模块上的Z形或L形支撑部分支撑。它必须相对较厚（3～5mm），以抵抗地板载荷造成的局部弯矩，并通过螺栓或拧紧模块提供捆绑作用。

10.4　模块的平台支持

模块通常可以支撑在位于一层或二层的钢制或混凝土平台结构上。通过这种方式，裙楼以下的空间就可以根据用途进行配置。裙楼结构中的支撑梁应与上方模块的承重墙对齐，如图10.9（a）所示。在所示的案例中，大跨梁由角柱支撑，与模块宽度为3～3.6m的长度对齐。

图10.9（b）所示的这种情况下，列的对齐宽度是模块宽度的两倍。对于一层或地下室的停车场，最佳的柱间距为7.5m，这提供了三个汽车宽度的空间。这意味着模块的外部可能有3.7m宽（允许它们有50mm的间隙）。对于两个停车场空间，最佳柱间距为5.4m，这意味着各模块的宽约2.7m。这降低了住房使用率，但更适合学生居住。

深蜂窝梁设计为16.5m，这是两排停车

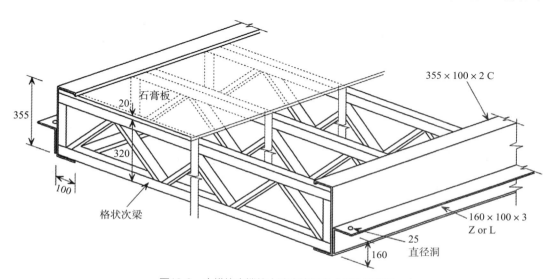

图10.8　由模块支撑的大跨度楼板盒式模块细节图

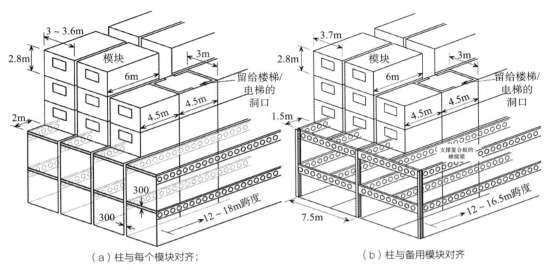

（a）柱与每个模块对齐;　　　　　　　　　　（b）柱与备用模块对齐

图10.9　裙楼结构由大跨度蜂窝梁组成，用于支撑二层的模块

场和一个没有内部柱的中央通道的最佳选择。然而，在这个大跨度系统中可能最多能支撑6或7个模块，因为当梁深达到1m，板厚将有150~180mm。

将各模块的组合重量应用于支撑梁上。对于6层模块，使用轻钢模块时，每根梁的线荷载可达10t/m，如果模块有混凝土地板，则更高。支撑梁一般应作为"关键部件"来设计，以确保意外损坏情况下以及火灾极限状态下的结构完整性。建筑应由混凝土核心筒或支撑钢架来稳定结构，其位置应根据地下停车场空间的使用进行优化。

用于支撑模块的另一种结构系统可能是薄地板梁和横跨在地梁之间的深层复合板。薄地板梁［又称不对称弹性梁（ASB）］集成在板厚度内，跨度可达8m。虽然ASB梁相对更重，但当与楼板结合时，它们只有约300mm的高度。柱子可以与5.4~7.5m间距的模块对齐，以允许有效地利用停车场的空间。深层复合板可以在没有临时支撑的情况下跨越5.4m，但对于跨度在7.5m的板需要额外支撑，直到混凝土有足够的强度。

图10.10（a）显示了一种可能的刚架结

构解决方案，它使用超薄的地板ASB梁，支撑着上面的四层模块，并提供了1层或2层的办公或零售空间和1层的地下室停车场。如果由于规划原因限制了整体建筑高度，则该方案的优势是整体结构高度最小。该方案在中央通道的两侧引入中间柱，以有效利用停车场空间。办公空间设计有一排位于中央的立柱，一根较深的转换梁将荷载从中央立柱传递到停车场层过道两侧的立柱。在ASB钢截面下方的带有规则尺槽的转换梁的尺寸，如图10.10（b）所示。

10.5　集成钢框架和模块

在多层模块化建筑中，模块由独立的钢架支撑，可以使用各种类型的梁来支撑各层模块。影响梁尺寸和形状选择的因素有：

- 能够在7.5m的典型横梁上承受两个相邻模块的弯曲和扭转荷载;
- 缩小横梁宽度，使相邻模块的组合墙壁尺寸不超过目标值300mm;

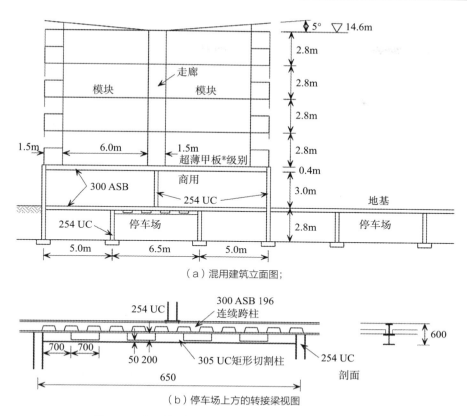

（a）混用建筑立面图；

（b）停车场上方的转接梁视图

图10.10　办公楼和地下停车场上由细长地梁组成的裙楼结构

- 当横梁就位时，模块的安装更容易；
- 支撑梁上每个模块的最小支撑长度为75mm；
- 选择的横梁不得超出模块地板或组合式地板；
- 创建开放式空间，在横梁上支撑组合式地板；
- 在将来，能够将模块化单元的区域改造成一个开放式的楼层。

在这种建筑形式中，钢框架通过支柱之间或电梯核心筒周围的支撑来提供稳定性。此外，钢框架可以伸到模块外，以容纳封闭的走道或阳台。可以在特定的楼层上创建各种模块化和开放式的空间，并且模块化的布置可以因楼层而异。通过这种方式，我们创建了一个能够适应一系列用途的结构性系统。

最简单的结构系统使用宽翼缘梁截面来支撑两个模块。254mm钢柱（Universal Column）或H形截面是合理的最小宽度梁，当支撑两个模块时，其跨度可达8m。此外，模块还可以制造出凹角，使模块紧贴柱子，从而最大限度地减少模块之间的间隙。在需要开放空间区域，地板盒式模块被设计在跨梁之间，因此模块和地板盒式模块是可互换的。

梁的设计必须考虑到由模块传递的不平衡荷载引起的弯曲和扭转综合作用，并且不得因安装过程中施加的荷载而发生过度变形。可以使用各种类型的梁来尽量减少梁和地板模块和顶棚的组合厚度，如图10.11所示。在这种情况下，下翼缘必须变窄，以适应模块之间，或者顶棚模块必须凹进。在该系统中，地板和顶棚的组合高度约500mm。

图10.12举例说明了可与钢框架有效集成的带凹角和顶棚的轻钢模块的细节。由于该模块的轻钢框架被设计成由每一层的梁支撑,其

厚度可以达到最小(例如,将钢的厚度减少到1mm)。然而,它仍然需要足够的刚性才能进行运输和安装。

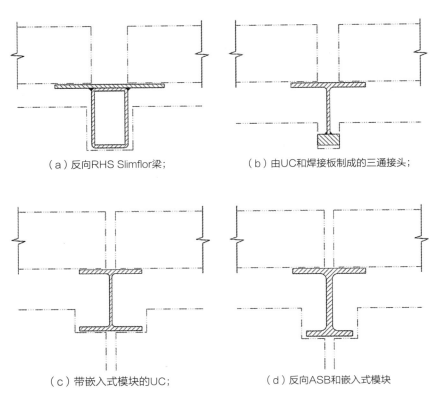

（a）反向RHS Slimflor梁；　　　　　　　　（b）由UC和焊接板制成的三通接头；

（c）带嵌入式模块的UC；　　　　　　　　　（d）反向ASB和嵌入式模块

图10.11　为模块顶部翼缘提供支撑的横梁

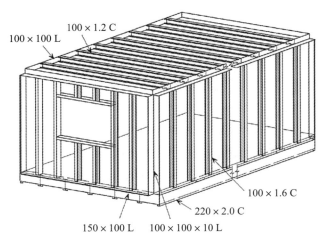

图10.12　带有凹角和边缘的模块由钢架支撑

10.6 在住宅楼中混合使用模块和结构框架的实例

图10.13中的住宅建筑布局，说明了如何将模块与结构框架相结合，图中显示了沿建筑主干线布置的服务式厨房和浴室模块。开放式空间是由一个复合地板系统创建的，该系统跨越7.5m的梁间距。轻钢隔断形成了生活空间和走廊中的房间。在这种建筑形式中，模块化的浴室和厨房也由梁支撑着，它们在平面图上的位置决定了公寓的布局。这些模块可以从走廊进行维修。

在这个例子中，厨房/浴室模块宽2.1m、长7.5m，由细长的楼板梁支撑，同时也支撑着300mm厚的楼板。梁可以是RHS焊接底板或ASB薄地板，厚度可达300mm。这些梁支撑着复合板或预制混凝土单元，其净跨最长可达7.2m，净跨的长度由梁的宽度决定。

宽度150mm或200mm的SHS的尺寸与墙壁和模块的凹角相匹配（图10.12）。它们被放置在7.5m×6.7m和7.5m×4.8m的网格上，以便在需要底层或底层停车场的情况下优化空间。如果需要地下室或地面停车，则可优化空间。16.5m的建筑进深提供了一个6.7m宽的进入通道，柱间距提供了3个停车场空间。每层4套公寓，共设有15个停车场，因此单层停车场适用于4层建筑。

图10.14显示了300mm×200mm RHS梁的替代节点，该梁在一般地板区域支撑300mm厚的复合板，在模块化区域支撑170mm厚的复合板。模块的地板设计为与包括隔声层的开放式空间成品楼层相同。在这种情况下，170mm厚的楼板为模块提供了支撑，同时也满足了所需的防火和隔声要求。所需的耐火性和隔声性与模块无关。当模块在每个楼层都有支撑时，模块是不承重的。

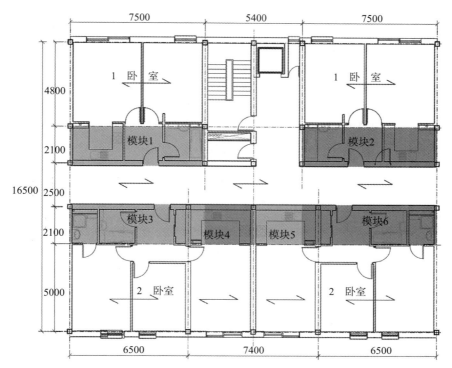

图10.13 住宅楼的服务区混合使用结构框架和模块单元

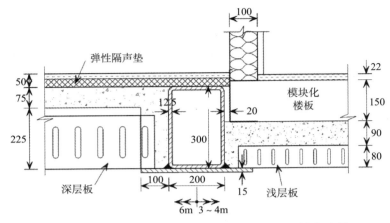

图10.14 模块放置在嵌入式地板上，并由RHS细长地板梁支撑

10.7 由结构框架支撑的模块组

另一种结构解决方案是设计一个结构框架来支撑一组模块，而不是单个模块。对于 2×2 的模块组，梁的设计要能承受4个模块的重量。这样，梁的厚度和尺寸都增加了，但由于这些梁出现在交替的楼层，楼层厚度只在这些楼层增加。

建筑设计必须反映出在立面细节、楼梯细节等方面的楼层差异。例如，支撑钢架可以在外部表示，这种配置可以有效地用于在梁上有阳台的复式或2层公寓。由于各个模块的绝缘特性，钢梁和钢柱对热桥没有显著的贡献，突出的梁可以直接用来支撑阳台。

图10.15显示了支撑4个模块的结构框架的可能布局。横梁和地板的组合区域增加到

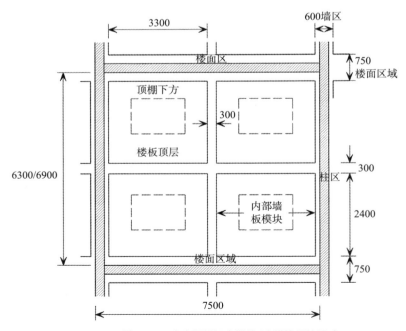

图10.15 由主钢框架支撑的4个模块组的尺寸

750mm左右，但在中间楼层，模块的地板和顶棚的厚度为300mm。对于300mm宽的UC或管状柱，柱与墙的组合厚度应允许达到600mm。

纽约一座名为大西洋造船厂（Atlantic Yards）的32层住宅建筑正在建设中，它由一个支撑模块体的支撑结构钢架组成，支撑钢架与模块同时安装，并安装在每个楼层的模块之间。柱子、梁和V形支撑都位于模块的外部，因此该结构是这座高层建筑外部结构的一部分。

案例研究37：伦敦东区办公楼上的社会住房

从伦敦东区商业路俯瞰综合大楼

一端有支撑钢通道核心筒的模块（Rollalong公司
提供）

这个耗资500万英镑的社会住房项目位于伦敦东区商业路上，由塔哈姆雷特社区住房公司（Tower Hamlets Community Housing，THCH）使用模块在钢筋混凝土平台上建造而成。这座名为"画家之家"（Painter House）的L形住宅楼由76个模块组成，模块从5层递减到2层，层层叠叠分布在一楼平台上，THCH占用了底层的办公空间，建筑边角的钢结构框架提供了通往上层的核心筒和人行道。

项目共有24个一居室单元，每个单元由两个宽3.6m、长7.7m的模块组成。双卧室单元由两个3.6m宽、7.7m长的模块组成。

10.6m长的模块，面积约75m²，提供两间宽敞的双人卧室。两种类型都有独立的厨房、浴室和宽敞的起居室，起居室内还建有一个整体阳台，人们可通过建筑庭院一侧的外部走道进入模块。

项目于2005年7月开始动工，拆除了现有建筑。主要承包商是Hill Partnership。基于伦敦繁忙的商业大道的交通情况，76个模块的安装历时3周。项目于2006年8月完工，比传统的现场密集型施工节省了6个月的时间。

轻钢模块由Rollalong公司负责设计、制造和安装。模块以每天8个的速度"准时"运抵现场，每个模块都配有保护罩，并保持原位。防雨幕墙由千思板（Trespa）轻质板（上层）和砖砌体（下层）组成。单坡屋顶由带有暗槽的Kingspan复合板覆盖，并固定在顶层模块上。这些板材和围护都是从连接到模块上的折叠板上安装的。

在安装模块的同时，还在建筑末端建造了一座钢结构楼梯和电梯塔楼，钢结构塔楼的延伸部分为通往后院各楼层提供了通道，楼梯通道塔楼和底层由砖砌成。

一个由5个模块组成的垂直模块组，在风荷载作用下非常稳定。模块的四角用十字形连接件绑在一起，以传递风力，并在底层意外损坏时提供备用荷载路径。安装好的模块每个重约8t，平台层的混凝土板设计了用于支撑上面5个模块的荷载。

案例研究38：温布利住宅和酒店混合开发项目

温布利竣工酒店的风貌

安装带混凝土底座的模块

2013年5月，位于伦敦北部温布利奥林匹克路的创新型私人和经济适用房及酒店混合项目竣工。该项目沿邻近的富尔顿路和20层高的椭圆形主楼，共设计了158套公寓，包括68套一居室公寓、71套两居室公寓和19套三居室公寓。户型组合中83%为私人住宅，17%为经济适用房。拥有234个房间的10层酒店占据了建筑的主要正面，零售单元位于酒店下方。

HTA建筑事务所与温布利地区的开发商Quintain公司以及承包商和模块供应商Donban公司密切合作，在温布利体育场旁的这一重要地块上打造了这个经典的多功能开发项目。这些建筑在设计之初就采用了Vision模块化系统。酒店和中层建筑的模块放置在1m厚的混凝土平台上，而塔楼的模块则放置在一个8.2m×6.8m的混凝土滑模核心筒周围，该核心筒是在安装模块之前建造的。

Vision模块最大尺寸为宽3.9m、长12m，由混凝土地板和钢管框架组成。2个模块组成了一个建筑面积59m²的一居室公寓和一个完整的玻璃冬季花园阳台，3个模块组成了一个建筑面积76m²的两居室公寓。模块混凝土地板也被扩展到形成走廊和天井的区域，因此每层不需要进行现场工作。一些模块有部分开放的边来创建更大的空间。在酒店一侧，所有的模块都建有一个朝南的斜窗，可以看到体育场的景色。

模块的安装从2012年初开始，700个模块就被分为三个阶段，从酒店开始，到2012年7月到10月的塔楼结束。模块重达20t，交付时间经过了精心安排，以尽量减少对奥运会的干扰，奥运会期间没有安装任何装置。相对于钢筋混凝土，该项目节省的总时间约9个月，这对酒店的正常营业很重要。

案例研究39：伦敦使用整体卫浴的学生宿舍

从伦敦东区白教堂路看到的弧形外墙（Elements Europe公司提供）

Elements Europe公司的Strucpod系统，被用于在伦敦市中心繁忙的白教堂路旁的Fieldgate街建造的一座8层学生宿舍。这座"弧形"的建筑旨在打造两条街道之间的无缝连接，事实证明，使用结构型整体卫浴结合轻钢框架在弧形立面上形成各种形状的房间更为有效。学生宿舍部分位于2层平台层之上，平台层下面是地铁、超市和办公区域。上部结构重量轻，也使得平台层比原来更薄。

大楼共计建造了343间学生宿舍，其中包括厨房和公共设施。Strucpod系统将整体卫浴作为承重构件来支撑楼板次梁，从而使模块化吊舱的楼板和顶棚的总厚度与相邻房间的完成厚度相匹配。该系统可灵活规划弧形立面的房间布局。

与其他学生住宿项目一样，建设速度对该系统的成功至关重要。项目于2011年7月在现场开工，2012年3月竣工，较传统的现场密集型（现场工作量大的）建设节省了6个月。主要的承包商是Mace，建筑公司是Axis。轻钢框架的项目总价值为2000万英镑，其中配套的浴室为270万英镑，这为现场密集型建设节省了相当多的费用。轻钢框架和浴室模块是由Elements Europe公司在其位于Shropshire的工厂制造的，因此衔接和交付是相协调的。浴室在交付到现场之前已经完成测试并组装好，服务设施从模块的外部进入，以避免损坏模块内部的设备。343个模块的安装历时24周，安装时间根据Whitechapel路的交通情况而定。

该产品组合中的其他模块化系统包括Roompod（一种基于轻钢框架的房间大小的模块化系统）、Solopod（一种用于混凝土和钢框架建筑的模块化浴室）以及T形框架（低至中层建筑）木模块系统。

参考文献

European Commission. (2008). *Promotion of steel in sustainable and adaptable buildings*. Report of ECSC demonstration project 7215-PP-058, report EUR 23201 EN.

Lawson, R.M. (2007). *Building design using modular construction*. Steel Construction Institute P348.

Tata Steel. *The Slimdek® manual*. www.tatasteelconstruction.com.

第11章

模块化建筑的隔声效果

隔声是住宅建筑、医院和学校的一项重要设计要求。本章根据《建筑规范》回顾了隔声性能的原则。双层墙、地板和顶棚结构改善了模块化建筑的隔声性能。详细介绍了符合声学要求的地板和墙壁。部分细节在达到隔声要求的同时也有助于防火。

11.1 隔声原理

声级和隔声量以分贝（dB）为单位，而声调或频率则以赫兹（Hz）为单位《BS EN ISO 717》：就声级而言，分贝等级表示声音的强度或音量。

隔声量是指隔断地板或隔墙对从一个区域传到另一个区域的声音的减弱程度。隔声量是在一些不同的频率下测量的，通常是在100～3150Hz的16个三分之一倍频程频段，通过将这些频率下的实际声音降噪记录与一系列参考曲线进行比较，得出一个单一的数字。墙壁和地板建筑的隔声性能随频率而变化，高频声音通常比低频声音更容易减弱。

房间之间的隔声是通过结合以下原则来实现的：

- 提供分隔构件的质量；
- 不同层的隔离；
- 对密封接缝和任何缝隙进行密封。

各层的质量和隔离原理如图11.1所示。坚实墙壁的声音传输符合所谓的质量定律。这一原理意味着，将固体构件的质量增加一倍，将使其隔声性能提升约5dB。然而，在不使用分隔层的情况下单独增加质量，不能增强其隔声性。吸声性是一种通过混响减少噪声的积累来控制空间内噪声的水平和质量的特性。当一个房间与另一个房间分开时，声音可以通过两条路线传播：直接通过隔离结构，称为直接传输，以及绕过隔离结构通过相邻的建筑构件，称为侧向传声。

直接的声音传输取决于隔离墙或地板的特性，可以通过实验室的测量来估计。侧向传声更难以预测，因为它受到建筑构件之间连接节点的影响。因此，在连接处使用隔声效果良好的节点是很重要的，这可以通过其场外制造过程在模块化施工中更成功地实现。

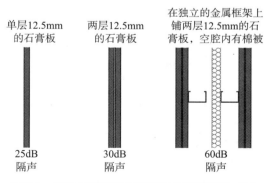

图11.1 使用质量和隔离层的隔声（降声单位为dB）

11.2　声学要求和规定

在英国，《建筑规范》E部分的"批准文件"对住宅的隔声要求作出了规定。所有用于居住的房间都必须满足这些要求，包括酒店的房间、宿舍、居民住宅等。测试标准由《BS EN ISO 140-4》和《BS EN ISO 140-7》规定。

在E部分的"批准文件"中，最小空气传播声级$D_{nT,w}+C_{tr}$现在考虑了低频声的校正系数C_{tr}，并应用于基本空气传播声级$D_{nT,w}$。对于$D_{nT,w}+C_{tr}$的限制是一个最小值，因为它适用于声源和接收房间之间的声级差。表11.1中对以前和现行批准文件中的指导进行了比较。无法直接比较监管体系中的合理降低水平因为C_{tr}是负值，而轻质楼板的C_{tr}可以在−9～−6dB。轻质地板和墙壁的C_{tr}值在−6～−9dB。

《建筑规范》中的隔声最低标准　　　　表11.1

	隔断墙			隔离地板	
	$D_{nT,w}$	$D_{nT,w}+C_{tr}$	$D_{nT,w}$	$D_{nT,w}+C_{tr}$	$L'_{nT,w}$
E部分原始批准文件					
平均值	>53dB	n/a	>52dB	n/a	<61dB
单一值	>49dB	n/a	>48dB	n/a	<65dB
E部分"批准文件"（2003年）					
新建住宅（任何测试）		>45dB		>45dB	<61dB
改建住宅（任何测试）		>43dB		>43dB	<61dB
居住用房（任何测试）		>43dB		>45dB	<61dB

资料来源：The Stationery Office, Approved Document E, 2003 ed. (incorporating 2004 amendments), 2004.
注：$D_{nT,w}$=空降回合减少量，$L'_{nT,w}$=冲击声音透过率，低频声音的C_{tr}=校正因子（负值）。

冲击声传输值$L'_{nT,w}$是一个允许的最大值，而不是最小值，因为它适用于敲击机通过地板传输的声音。双层地板和顶棚比单层地板具有更好的冲击降噪效果。

11.2.1　证明合规性

E部分"批准文件"描述了两种证明符合《建筑规范》的方法：通过竣工前测试（PCT）或使用可靠的细节（RDs）。PCT是在现场进行，建造商有责任证明合规性。除装修外，应在分离单元两侧的房间基本完成时进行PCT。带有住宅用途的建筑物（如酒店、学生住宿等）也适用于PCT。

超规情况只适用于别墅和住宅公寓，并且已经开发了一系列超规情况（RDs），它们超过了《建筑规范》中规定的声学性能要求。坚固的节点，包括模块化结构中使用的双层墙和地板。关于各种形式钢结构隔声的更多信息见SCI P372（Way和Couchman，2008年）。

11.2.2　非住宅型医院建筑

声学要求在《卫生技术备忘录（HTM）08-01》（2008年）中都有规定，该备忘录已经取代了以前的《HTM 2045》。对于学校，应采用由教育和技能部编制的《建筑公报》第93号，即学校的声学设计（2004年）。

11.3　隔断墙

11.3.1　轻钢墙隔声性能

在模块化施工中，墙的每一层在结构和物理上都是独立的，因此只需将两层结构的隔声等级相加来估算整体性能。轻质模块结构中隔墙隔声良好的典型要求是：

- 墙与墙之间没有连接，只在地板上有拉杆；
- 每面墙的重量至少为22kg/m²（即两层12.5mm的石膏板或同等材料）；
- 两块石膏板的间距（建议最小间距为200mm）；

- 在预制建筑中，更稳定的实现所有接缝的良好密封性；
- 在两面墙内铺设矿物纤维，以减少C区之间的声音反射；
- 放置在模块外部的覆板；
- 可选择在C型钢内侧安装弹性杆，以支撑石膏板。

典型轻钢墙结构的声学性能见表11.2。应特别注意设备管道的开口和其他穿透处。电气插座穿透石膏板层，并应使用垫料进行绝缘。应避免使用相邻的电气配件，电线可安装在工厂的预制管道中，便于现场调试，且不会影响声学性能。

各种轻钢和组合墙体的隔声性能　　表11.2

建筑	示例	性能
双层轻钢框架（框架之间有垫料）	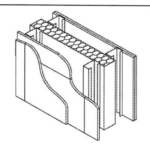	$D_{nT,w}+C_{tr}=45\sim56dB$
带弹性杆的单层轻钢框架	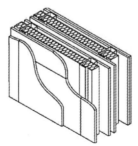	$D_{nT,w}+C_{tr}=47\sim51dB$
模块化结构的双轻钢框架	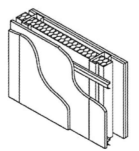	$D_{nT,w}+C_{tr}=48\sim56dB$

11.3.2　混凝土墙的声学性能

在混凝土施工中，根据声学质量定律，墙壁或地板的质量是降噪的主要原因。因此，预制混凝土模块提供良好的空气减声，而冲击声音由适当的地板和顶棚围护控制。典型预制混凝土墙的声学性能见表11.3，包括典型现浇混凝土墙的对比数据。

混凝土墙的隔声性能　　　　　　　　　　　表11.3

在一侧完成	结构	在另一侧完成	减少空气传播噪声
在混凝土墙上涂漆	150mm实心预制混凝土	油漆围护	45dB
两层12.5mm石膏板，用压条系统支撑，空腔内有70mm Isowool板	150mm预制混凝土	12.5mm石膏板，38×25mm压缝条	51dB
2mm抹灰脱脂	180mm现浇混凝土	2mm抹灰层	47dB

资料来源：Brooker, O., and Hennessy, R., *Residential Cellular Concrete Buildings: A Guide for the Design and Specification of Concrete Buildings Using Tunnel Form, Crosswall, or Twinwall Systems*, CCIP-032, Concrete Centre, London, UK, 2008.

11.4　地板的隔声处理

11.4.1　轻钢地板的声学性能

对于分隔楼层结构，空气传声和撞击传声这两种情况都应加以处理。通过使用类似用于墙体的方法，轻质地板能够实现高水平的隔声效果。

模块化轻型地板空气隔声通过以下方式实现：

- 地板和顶棚之间的结构性分隔；
- 通过石膏顶棚、地板和模块屋顶上的板，控制每层质量；
- C型钢之间的吸声垫料；
- 尽量减少墙壁连接处的侧向传声。

通过以下方式减少轻型地板上的冲击声传输：

- 在荷载下使用具有正确动态刚度的弹性层；
- 将浮动地板表面与地板边缘的周围结构隔离。

一系列典型的轻钢地板结构所提供的隔声效果见表11.4。地板表面下的弹性层减少了空气传声和撞击传声。一般来说，70~100kg/m³密度的矿物纤维提供了足够的刚度来防止局部偏转，但又足够软，可以作为一个隔振器。放置在地板和顶棚深处的矿棉有助于吸收C型钢之间空腔中的声音。此外，增加顶（浮）层的质量可以显著改善空气隔声。耐火石膏板比普通石膏板质量更高，因此减少了声音传递。

与在实验室中测试的声学传输相比，侧向传声使在建筑物中测量的声音传输多了3~7dB。为了减少侧向传声，防止地板木板与墙体立柱接触十分重要，可通过在墙体和地板木板之间设置一条弹性带来实现这一目的。此外在模块化结构中，矿棉绝缘材料和基层板有助于减少侧向传声。

在伦敦西部的百丽宫项目已完成的模块化房间中进行了一系列的声学测试，如图6.15所示。轻钢结构的形式如图11.2所示，结果见表11.5，详情如下。

分隔地板和顶棚［图11.2（a）］：

轻钢楼板和组合式建筑的隔声性能　　　　　　　　　　　　表11.4

建筑形式	性能
带木板的轻型钢托梁 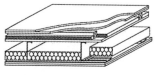	空降：$D_{nT,w}+C_{tr}=47\sim54dB$ 撞击：$L'_{nt,w}=44\sim58dB$
模块化建筑中的轻钢龙骨和顶棚 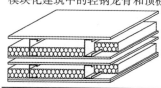	空降：$D_{nT,w}+C_{tr}=48\sim55dB$ 撞击：$L'_{ntw}=50\sim60dB$

注：性能取决于多个因素，包括准确的材料规格、施工工艺和接缝细节。

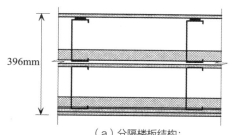
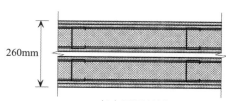

（a）分隔楼板结构；　　　　　　　　　　（b）隔断墙结构

图11.2　表11.5声学测试中使用的组合结构细节

使用轻钢框架的组合式建筑的典型声学性能数据　　　　　　　　表11.5

要素	噪声减少	模块化建筑监测	《建筑规范》E部分
地板	空气传播	48dB	$D_{nT,w}+C_{tr}\geq45dB$
地板	撞击	54dB	$L'_{nT,w}\leq62dB$
墙面	空气传播	47dB	$D_{nT,w}+C_{tr}\geq45dB$

资料来源：Way, A.G.W., and Couchman, G.H: Way, A.G.W. and Couchman, G.H., Acoustic Detailing for Steel Construction, Steel Construction Institute P372, 2008.

- 18mm地板级胶合板；
- 3mm隔离带；
- 180mm厚——周长热轧钢槽型材，带165mm轻钢次梁；
- 次梁之间有80mm玻璃纤维绝缘层；
- 150mm厚——周长热轧钢槽段，支撑138mm钢次梁，下方有9mm OSB板。

隔断墙［图11.2（b）］：

- 单层12.5mm耐火石膏板；
- 单层12.5mm标准石膏板；
- 80mm轻钢柱墙；C型钢之间有80mm玻璃纤维绝缘层；
- 4mm护套级胶合板；
- 腔宽（30~50mm）。

11.4.2 混凝土地板的隔声性能

混凝土楼板提供的隔声等级见表11.6。

特别注意的是，即使没有地毯或弹性层，空气中的隔声效果适中，冲击声传输也很低。

混凝土地板的隔声性能 表11.6

顶部表面处理	结构	底部表面处理	空气传播的声音减少	撞击声传播
粘结地毯	200mm预制混凝土板	Artex抹灰	47dB	34dB≤62dB
弹性层上的65mm砂浆层	200mm预制空心混凝土板	通道支架上的12.5mm石膏板	50dB	
50mm砂浆层和6mm地毯	250mm现浇混凝土板	无	57dB	39dB≤62dB

资料来源：Brooker, O., and Hennessy, R., *Residential Cellular Concrete Buildings: A Guide for the Design and Specification of Concrete Buildings Using Tunnel Form, Crosswall, or Twinwall Systems*, CCIP-032, Concrete Centre, London, UK, 2008.

参考文献

Brooker, O., and Hennessy, R. (2008). *Residential cellular concrete buildings: A guide for the design and specification of concrete buildings using tunnel form, crosswall or twinwall systems*. CCIP-032. Concrete Centre, London, UK.

British Standards Institution (BSI). (1997). *Acoustics. Rating of sound*. BS EN ISO 717.

British Standards Institution (BSI). (1998a). *Acoustics. Measurement of sound insulation in buildings and of building elements. Field measurements of airborne sound insulation between rooms*. BS EN ISO 140-4.

British Standards Institution (BSI). (1998b). *Acoustics. Measurement of sound insulation in buildings and of building elements. Field measurements of impact sound insulation of floors*. BS EN ISO 140-7.

Department for Education and Skills. (2004). *The acoustic design of schools*. Building Bulletin 93. The Stationery Office.

Department of Health. (2008). *Acoustics*. Health Technical Memorandum (HTM) 08-01. The Stationery Office.

The Stationery Office. (2003). *Building regulations (England and Wales) 2000. Part E. Resistance to the passage of sound*.

The Stationery Office. (2004). Approved document E. 2003 ed. (incorporating 2004 amendments).

Way, A.G.W., and Couchman, G.H. (2008). *Acoustic detailing for steel construction*. Steel Construction Institute P372.

第12章

轻钢模块的结构设计

采用轻钢结构制造的模块，通常是按照特定项目的标准规格设计的。对于中低层建筑，模块的结构设计取决于建筑底部受力最大的模块所承受的荷载。

对于高层建筑，可以增加钢材的厚度或减少低层C型钢的间距。不过，模块的制造是按照若干层（通常4～6层）的标准进行的。本章根据英国国家标准和欧洲规范介绍了钢结构模块的结构设计。

12.1 载荷和载荷组合

英国钢结构设计的相关国家标准是《BS 5950-1》和《BS 5950-5》（BSI，1997年，2000年），但英国标准现已被欧洲规范取代，其中《BS EN 1993-1-1：欧洲规范3》和《BS EN 1993-1-3：欧洲规范3》（BSI，2004年，2006年）是相同级别的标准。表12.1定义了用于综合各种荷载影响的局部系数。外加荷载是因使用而产生的可变荷载，而自重荷载则是永久荷载。风荷载可根据《BS 6399-2》（BSI，1997年）或《EN 1991-1-4：欧洲规范1》中的结构作用——一般作用：第1-4部分：风（BSI，2005年）及其英国国家附件。风荷载为瞬时荷载，符合50年一遇的重现风速。

欧洲规范要求各种荷载组合，具体取决于附加荷载还是风荷载起主导作用。一般来说，当设计受垂直荷载控制时，按照欧洲规范进行设计会导致较低的因数荷载，而当设计受风荷载控制时，则会导致较高的因数荷载。这是因为《BS EN 1991-1-4》中的风荷载系数为1.5，而《BS 5950》中的系数为1.4。此外，在按照欧洲规范进行设计时，垂直荷载和水平荷载的组合要比按照《BS 5950》进行设计时更为严格。

施加载荷标准为《BS 6399-1》（BSI，1996年），被《BS EN 1991-1-1：欧洲规范1》中的结构作用：第1-1部分：一般作用——密度、自重、建筑施加载荷（BSI，2005年）取代。这两个标准都允许使用施加的折减系数作为建筑高度的函数。这考虑到所有楼层不会加载到其全部设计负荷的可能性。对于5层及以上的建筑，在设计结构的垂直构件时，所有楼层共同作用的外加荷载最多可减少40%。

因此，轻钢模块的结构设计要考虑以下设计条件：

- 所有模块全部满载时的最大垂直荷载，考虑到模块的自重、施加载荷、围护和屋顶荷载；
- 最大风荷载与模块、围护和屋顶的自重相结合，影响地基的上浮；
- 风和垂直荷载组合，降低荷载系数（表12.1）可能导致墙体或角柱上的压缩力高于最大垂直荷载下的压力；
- 当一个模块的支撑被移除，会意外产生负载情况。其余的模块组即使在这个极端事件下也必须保持稳定，这被称为结构完整性或坚固性。在这种情

171

况下的整体稳定性是由模块之间的捆绑提供的。

在钢架模块系统中，抵抗这些载荷的方法取决于荷载通过墙壁的直接传递或通过边梁间接传递，然后转移到角柱。以下章节回顾了采用轻钢结构的模块化建筑的结构设计，并考虑到这些荷载条件。

规范	荷载组合	荷载		
		点荷载，*IL*	恒载，*DL*	风载，*WL*
《BS 5950》	*IL+DL*	1.6	1.4	
	IL+DL+WL	1.2	1.2	1.2
	WL+DL	—	1.4或0.9	1.4
《欧洲规范3》	*IL+DL*	1.5	1.35	
	IL+DL+WL	1.5	1.05	1.05
	IL+DL+WL	或1.05	1.05	1.5
	WL+DL	—	1.5或1.0	1.5

《BS 5950》和《欧洲规范3》的荷载系数和荷载组合　　表12.1

12.2 建筑形式

地板和墙壁上使用的薄钢构件一般呈C形，由符合《BS EN 10346》（BSI，2004年b）的镀锌钢带冷轧而成。这些剖面图被单独或成对放置在墙壁的600mm中心和地板的400mm中心。1.5～2mm的钢材厚度通常用于轻钢框架和模块化结构，但较重的型材可用于12层及以上的建筑物中更高负载的模块。

12.2.1 对模块的连续纵向支撑

在轻钢模块中，通过模块的纵向边缘进行的直接荷载传递可以通过多种方式来实现。最简单的方法是将上部模块的墙直接支撑在下面的墙上，如图12.1（a）所示。地板

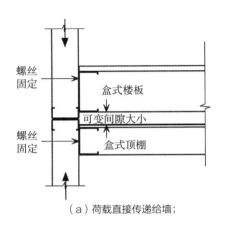

（a）荷载直接传递给墙；

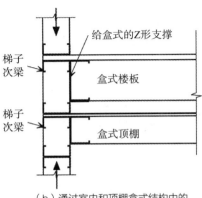

（b）通过室内和顶棚盒式结构中的阶梯桁架直接传递载荷

图12.1　通过轻钢模块的纵向边缘直接传递荷载

和顶棚之间的间隙是可变的。或者，梯形桁架可以作为地板组件的一部分建造，并从上下的墙壁转移载荷，如图12.1（b）。在一些系统中，地板组件的边缘支撑着墙壁，由较厚的C型钢形成，因此它可以通过其厚度传递从墙传来的压力。然而，由于地板组件中C型钢的可压缩性，该系统被限制用于大约4层高度的建筑。

12.2.2　带边梁的角支撑

角支撑模块在地面和顶棚上使用纵向边梁，横跨在角柱之间。边梁可以采用热轧平行法兰槽（PFC）钢段或各种形式的冷轧钢段，可为特殊类型的模块专门轧制。

连接到SHS柱的PFC边梁的使用如图12.2所示。在这种情况下，支撑地板的边梁的高度为300mm，而顶棚上的边梁高度为200mm，这导致整个地板的厚度为600mm，之间允许有间隙。使用相同PFC部分的模块的纵向视图如图12.3所示。然而，对于长度超过7.5m的模块，需要使用更高的边梁或使用中间柱，以减小梁的跨度，从而减小其尺

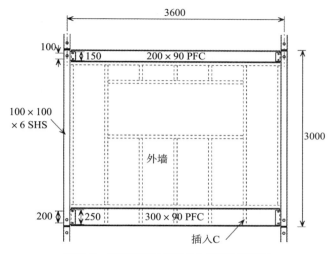

图12.2　使用PFC边梁的角支撑模块端视图

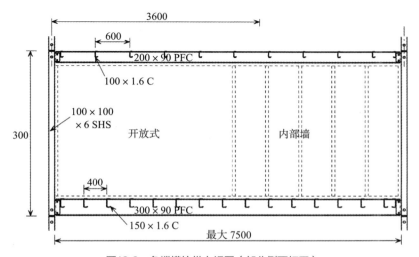

图12.3　角撑模块纵向视图（部分侧面打开）

寸。模块的侧面可以由轻钢墙填充，或者，模块可以作为开放面交付，以创建开放式空间。

300～400mm高和3～4mm厚的冷轧钢截段，也可用于地板和顶棚边梁，但这导致了相对较深的地板和顶棚组合厚度（通常750～900mm）。梁与柱的连接可以通过连接板焊接在梁上。这些与较深边梁的连接具有一定的弯曲阻力，可用于为低层建筑中的开放式模块提供稳定性。

12.3　模块间连接

对于模块之间的角连接，可使用两种形式的角柱：

- 带角度的截面或其他开放截面；
- SHS。

带角度的钢段相对简单，因为它们可以被引入到模块的凹角中。该带角度的钢段可以冷轧（即3～6mm厚的弯曲板）或热轧部分，通常是100mm×100mm×10mm厚的角度。这些模块可以在其底部和顶部进行连接，并通过连接器板和单个螺栓连接在一起，如图12.4（a）所示，这些角度可以通过侧板连接，如图12.4（b）所示在这种情况下，一个螺母被焊接到该角度的表面，以允许从一侧进行连接，如图12.5所示。

钢角的负载能力取决于其尺寸，以及它是否通过与模块壁的连接而稳定。对于靠近角柱的墙壁长度较短的半开放式模块，带角度的截面在压缩中相对不稳定，不推荐3层以上的建筑。

SHS角柱提供最高的压缩阻力，可用于完全开口的模块。图12.6显示了一个焊接在SHS上的连接板。SHS中最小直径为50mm的检修孔允许螺栓通过端板插入，以提供模块间的垂直和水平的连接。

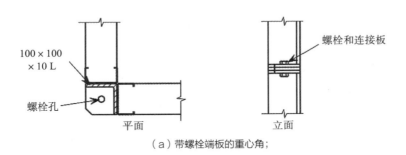

（a）带螺栓端板的重心角；

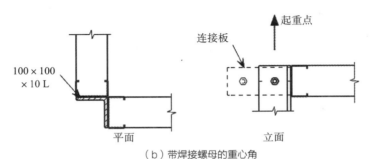

（b）带焊接螺母的重心角

图12.4　使用热轧角钢的角柱

图12.5 带有焊接螺母的角钢，用于连接连接板

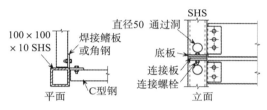

图12.6 使用SHS方矩管的角柱

12.4 稳定系统

有各种通用形式的支撑系统，可用于提供模块化建筑的整体稳定性，如下：

- 模块纵向墙中的X形或K形支撑；
- 采用合适的固定件，保护板对墙壁的隔膜作用；
- 角柱与边梁之间的抗力矩连接；
- 通过走廊中的水平支撑传递的混凝土核心筒或支撑钢结构的额外稳定性。

12.4.1 X形或K形支撑

作为制造的一部分，可以将横截面形式的X形支撑安装在模块中，并可用于模块的封闭纵向侧面。对于X形支撑，交叉平面设计只抵抗拉力。

另一种形式的整体K形支撑也可以在空间有限的门窗附近使用。K形支撑构件是作为墙的一部分制造的C型钢构件，设计目的

是抵抗拉力和压力。X形支撑可抵抗20kN左右的水平剪力，因此该系统适用于中层建筑（6~8层）。K形支撑能抵抗更小的剪力，约5kN。由此可见，放置在模块末端开口两侧的K形支撑板可以抵抗约10kN的水平剪力。

12.4.2 隔膜作用

隔膜作用是指固定在轻钢框架上的基层板和合适的基层板抗剪性能，如水泥颗粒板（CPB）、防潮胶合板（WPB）、定向纤维板（OSB）和防潮石膏板（H型至《BS EN 520》）。Lawson等人（2005年）给出了关于隔膜作用的指导。

模块的无穿孔纵向侧壁的隔膜作用导致比等效的X形支撑壁具有更高的平面内抗剪承载力。但是，为了有效抗剪，钉子或螺钉形式的固定件应安装在木板两侧的间距不超过300mm处。使用上述类型的板在2.4m²壁板上进行的试验表明，CPB可以抵抗约10kN（或4kN/m墙长）的水平剪切载荷，这在试验中由模块高度/500（或约5mm）的偏转极限控制。OSB的相应数值为3kN/m的墙长。在临时状态下，外部护墙板也能起到防风雨密封的作用。

12.4.3 抗力矩连接

如图12.3所示，热轧钢柱（通常为SHS）与边缘梁（通常为PFC截面）之间的力矩抵抗连接，可采用端板连接或深连接板连接。设计为开放式的模块主要用在3层高的建筑，除非提供其他稳定系统。只有连接板足够长，以尽可能大的间距（通常250mm）安装四个螺栓，否则通过梁柱连接传递的力矩相对较小。

可以通过X形支撑或使用中间支柱来提高具有力矩抵抗连接的模块纵向边的刚度。与走廊区域内的梁连接也可以帮助提供额外的刚度。水平加载的结构作用如图12.7所示。这可以通过使用SHS部分的焊接端部框架来

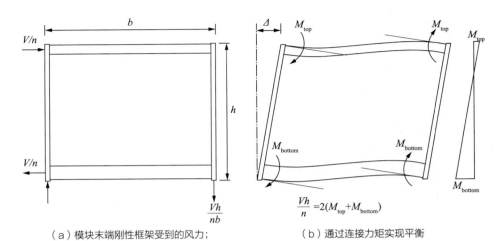

（a）模块末端刚性框架受到的风力；　　　　　（b）通过连接力矩实现平衡

图12.7　通过角柱和边梁之间的力矩抵抗连接实现低层建筑的稳定性

实现。连接件中的力矩取决于能够抵抗水平负载的模块的数量n和模块的高度h。

12.4.4　典型的支撑要求

　　考虑在一栋厚度为13.5m，层数为4层、6层或8层高的建筑中使用的一组四边形模块的稳定性，名义上由6m长、3.6m宽的模块组成，放置在一个1.5m宽的走廊的两侧。这组模块受到0.8 ~ 1.4kN/m²范围内的非因素风压的影响，这取决于建筑物的位置和高度。风荷载被认为首先作用于末端的山墙，然后作用于建筑的前后表面。假设一个30°斜坡的屋顶横跨建筑的前后面。组内并排模块的最少数量是根据四边墙壁长度为4kN/m的允许剪切荷载计算得出的，其依据是低层使用的砖砌围护的正常挠度限制。表12.2显示了建筑高度和风荷载的函数。

　　该表显示，假设这些模块所承受的风荷载相同，至少8 ~ 12个模块应并排放置，以共同抵抗在6层建筑的末端山墙上的风荷载，对于可以放宽轻型围护材料的水平挠度限制，通常将表12.2中的每种情况的允许高度增加1层。

　　考虑到风作用于建筑的正面或后立面，一个6m长的模块的连续纵向墙可以抵抗约24kN的剪力。基于这个可容许剪力，表12.3

列出了由一个或两个进深模块组成的建筑物的最大高度。这表明，最大的建筑高度通常为6 ~ 8层。对于X确定的情况，风荷载应水平转移到核心筒或支撑墙上，以提供建筑物的整体稳定性。这个简单的分析表明，走廊式布局的6层建筑的每层至少应该包括一组2 × 9个模块，用于抵御高达1kN/m²的风荷载。

水平放置一组组件以抵御端檐风力的最少组件数　表12.2

层数	风压特征值（kN/m²）			
	0.8	1.0	1.2	1.4
4	6	7	8	9
6	8	9	10	12
8	10	12	14	16

建筑厚度内抵御外墙风力所需的最少模块数量　表12.3

层数	风压特征值（kN/m²）			
	0.8	1.0	1.2	1.4
4	1	1	2	2
6	2	2	x	x
8	2	x	x	x

注：1=一排模块可抵抗风力，2=走廊两侧需要两个模块，x=需要额外的稳定系统。

12.4.5　水平支撑

额外的垂直支撑可以包含在楼梯和电梯周围的一个单独的结构框架中，或在末端的山墙中。在这种情况下，需要水平支撑来将力传递到这些点，并且这个支撑可以被纳入走廊中，如图12.8所示。

12.4.6　走廊连接

如果走廊用于将风力水平传递到刚性较大的核心筒或有支撑的楼梯井，则模块与走廊的连接可以参照图12.9的形式。延长板用螺钉固定在走廊构件的底部，用螺栓固定在四个模块之间的凹角上，因此它也作为连接板。此细节不用于为走廊提供垂直支撑，因为走廊由预先连接到模块上的连续角度提供。

12.5　施工公差对稳定性的影响

《BS EN 1090-2：钢结构和铝质结构的

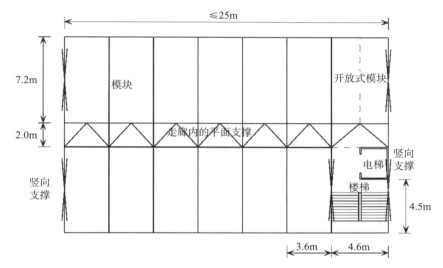

图12.8　组合式建筑中垂直和水平支撑的位置

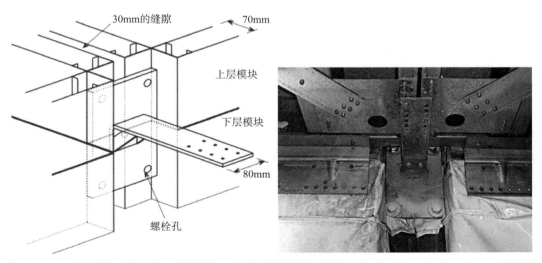

图12.9　走廊盒和模块之间的连接。草图细节（左图）和实际细节（右图）（Unite Modular Solutions公司提供）

实施》对钢结构的几何偏差进行了限制。钢结构的技术要求也由英国建筑钢结构协会（BCSA，2007年）提出。对于模块化结构中的承重墙和角柱的设计，必须考虑轴向载荷的偏心距，因此没有模块化结构指南。下面是对这些影响的潜在程度的论证，将在后面的单个构件设计中使用。

Lawson和Richarzd（2010年）提出，对于垂直组模块，位置和制造效应导致的最大允许累积非垂直性可采用$\delta_H=12(n-1)^{0.5}$mm，其中n是基础上方考虑的水平。这假设制造公差可能与安装过程中的任何偏差作用的方向相同。因此，当测量一个模块的顶部到下面一个模块的顶部时，任何一对模块的允许几何偏差为12mm。对于下一个模块，总的非垂直度为17mm，因此对于下一对模块的增量公差仅为5mm。这意味着安装中的错误在建筑高度上得到纠正。在11层以上，累积外垂直度的上限为40mm，这意味着更高的模块化建筑在安装和制造方面需要更精准的控制。

12.5.1 名义水平力的应用

提供一组模块具有潜在的非垂直性，它们的稳定性是使用《BS 5950-1》中第2.4.2.3条给出的刚架结构的名义水平力方法。对于钢框架，在每个楼层水平施加水平力，相当于每层系数垂直荷载的0.5%，或系数静荷载的1%，并用作施加风力的下限替代方案。模块化系统中1%的极限控制在地板的自重超过其施加的负荷。

《BS EN 1993-1-1：欧洲规范3》中第3.3.2条允许单柱高度/200的非垂直性，但在《BS EN 1090-2：钢结构和铝质结构的实施》中，考虑若干层的平均垂直度（即$\delta_H \leqslant$ 高度/300）时，降低了三分之二。整个结构的允许的非垂直性是通过将单个列的这个值乘以以下因子得到的：

$$\left[0.5\left(1+\frac{1}{m}\right)\right]^{0.5}$$

以水平的方式表示一组中的m个列。一组列的结果倾向于$\delta_H \leqslant$ 高度/420。《BS EN 1993-1-1：欧洲规范3》中的进一步要求：将该非垂直性与风载荷结合考虑，而不是作为替代载荷情况（采用《BS 5950-1》中的方法）。

模块垂直组件的组合偏心考虑了一个模块放置在另一个模块上的偏心的影响，也考虑了在偏心增加下作用于墙的压力。这种效

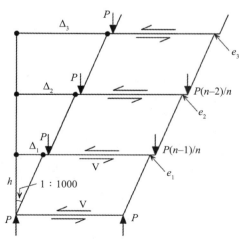
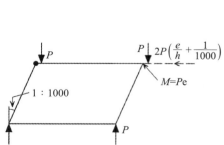

（a）四边模块偏心荷载对端墙的剪切力影响；   （b）四角支撑模块的偏心荷载向稳定系统的转移

图12.10   作用于底层模块的组合偏心

果如图12.10所示。模块的墙壁无法抵抗高力矩，因此，平衡所需的等效水平力作为剪力传递到模块的顶棚、地板和端墙上。

由于在制造和安装过程中加载的偏心率的综合作用而产生在基础模块上的附加力矩，可以用有效的偏心率Δ_{eff}表示，由：

$$M_{add} = P_{wall}\Delta_{eff} = P_{wall} \qquad (12.1)$$

$$\left[\frac{n-1}{n}\times12 + \frac{n-2}{n}\times17 + ... + \frac{12(n-1)^{0.5}}{n} \right]$$

其中P_{wall}为底层模块底部的压力，Δ_{eff}为垂直模块组的有效偏心度，n为垂直组件中的模块数量。

作为一个很好的近似值，我们发现以下公式适用于垂直模块组Δ_{eff}的有效偏心度，它用于确定建筑物底部的倾覆力矩：

$$\Delta_{eff} = 3n^{1.5}mm \ for \ n<12层 \qquad (12.2)$$

该偏心可以转换为施加在每个楼层水平的名义水平力，其表示为每个楼层水平的系数载荷的百分比。使用上述定义的公差，计算出，当表示为施加于模块的垂直载荷的百分比时，名义水平力随$0.2n^{0.5}\%$的层数而变化。对于$n=12$层，每一层的名义水平力是一个模块上的分解载荷的0.7%。

对于模块化结构，建议将名义水平力作为作用于每个模块上的系数垂直载荷的至少1%，并作为评估结构整体稳定性的最小水平载荷。对于一个建筑面积为25m²的模块，支持8kN/m²的分解载荷，作用于模块任意方向的名义水平力为2kN。对于一个垂直组中的10个模块，因此每个模块的基底剪力为20kN。这个力可以在力的方向上在模块的两堵墙之间共享。当一个水平组中有超过7个模块时，名义水平力的联合效应可能超过末端山墙上的风力。如果模块不能抵抗整体稳定所需的水平力，那么名义水平力必须结合在每个水平的多个模块上，并转移到稳定系

统。这是侧面开口模块的情况，它们通常无法通过弯曲角柱及其连接来抵抗这种剪力。

12.6 结构构件的设计

承重模块有6个基本组件，其结构性能取决于垂直荷载是通过侧墙还是角柱来传递。分别为：

- 承重侧墙；
- 非承重端墙（如果使用边梁，则为侧墙）；
- 地板；
- 吊顶；
- 边梁；
- 角柱，通常使用角或方管截面。

冷成型钢部件的设计按照《BS 5950-5》或《BS EN 1993-1-3》进行。热轧钢组件的设计，通常是角柱，在某些情况下，边梁执行《BS 5950-1》或《BS EN 1993-1-1》。

模块化单元的设计应包括结构性能方面的其他问题，例如：

- 由风作用和名义水平力引起的平面内力传递的隔膜作用；
- 结构的完整性或对意外行为的稳健性，通常通过捆绑在连接处产生的力来抵抗；
- 耐火，这要求结构构件必须防火，保证火不会从一个模块扩散到另一个模块。

模块的组件的结构设计如下。

12.6.1 承重侧墙

四面模块中的承重墙由70~100mm厚的C型钢，其钢厚度为1.5~2.0mm，钢强度为

S350～S450（屈服强度为350～450N/mm²）。

垂直的C型钢沿墙放置在400mm或600mm的中心上，或在600mm的中心上成对放置在重载墙上。平剖面"轨道"形成预制墙板的顶部和底部，并在上下模块的墙之间传递垂直荷载。C型钢被设计为根据其在地板和顶棚之间的有效长度l_{eff}来抵抗压力。通过将C型钢固定在内部石膏板和外部基层板上，基本上可以防止墙的平面上的屈曲。因此，连接在墙两侧的C型钢的有效长边长为：

$$\lambda = l_{eff} / r_{yy} \qquad (12.3)$$

其中r_{yy}是剖截面的长轴旋转半径（使用欧洲代码中定义的轴）。

对于没有外部基层板的墙，但在C型钢的一侧附着有两层石膏板的墙，弱轴屈曲的l_{eff}可以作为墙高度的一半，前提是墙采用X支撑以保持稳定。这导致比固定在墙外的基层板的压缩阻力更低。C型钢的抗压强度取决于其在其高度上的初始缺陷，并由佩里·罗伯逊（Perry-Robertson）支柱屈曲公式得到。这可以通过参考《BS EN 1993-1-1》来解释，该方法用长细比λ表示。C型钢的抗压强度由$P_C = \chi f_y$给出，其中f_y为钢设计强度。根据

$$\chi = \frac{1}{\phi + \sqrt{\phi^2 - \bar{\lambda}^2}} \text{，但是} \chi \leq 1,0 \qquad (12.4)$$

其中：$\phi = 0.5 \left[1 + \alpha \left(\bar{\lambda} - 0.2 \right) + \bar{\lambda}^2 \right]$ （12.5）

并且长细比为

$$\bar{\lambda} = \lambda / \lambda_1 \text{ 其中 } \lambda_1 = \pi \sqrt{E / f_y} \qquad (12.6)$$

E为钢的弹性模量，为210kN/mm²。α是表12.4中给出的缺陷因子，对应于《BSEN 1993-1-1》中的适当屈曲。对于冷成型段，应使用屈曲曲线b，其中$\alpha=0.34$。

构件P_C的抗压强度为：

$$P_C = A_{eff} \times \chi f_y \qquad (12.7)$$

其中A_{eff}是横截面的有效面积，它考虑了剖腹面平板的局部屈曲，A_{eff}通常在未减少横截面面积的0.7～0.9倍。

《BS EN 1993-1-1》钢柱屈曲曲线的不完善系数　表12.4

屈曲曲线	a_0	a	b	c	d
不完善系数 α	0.13	0.21	0.34	0.49	0.76

在C型钢设计中考虑了额外的力矩，该力矩是墙壁的轴向荷载乘以上述模块放置的最大公差给出的偏心距。在第12.4节中，模块布置考虑了12mm的偏心率，建议将其作为最小偏心率，以确定结合轴向压缩作用在C型钢上的力矩。当被石膏板和基层板限制时，C型钢的横向扭转屈曲。因此，可以将弯阻作为C型钢在其强轴方向上的弹性弯阻。不考虑弱轴弯曲。

作用于侧壁剖截面的屈曲和压力是根据以下公式得出：

$$\frac{P}{P_C} + \frac{P_e + M_w}{M_{el}} \leq 1.0 \qquad (12.8)$$

其中P是作用于墙上C型钢的压力，e是载荷作用的偏心度（最小12mm），M_w是由于风作用于建筑物山墙模块表面的弯矩，P_C是主轴方向屈曲的抗压力，M_e是主轴C型钢的弹性抗弯强度。

风荷载和垂直荷载使用第12.1节中给出的荷载系数进行组合。一般发现，当最大压缩载荷P_{max}约为C型钢抗弯阻力P_C的60%时，就满足该方程。

表12.5给出了100mm高、50mm宽的C型钢的性能，可用于确定模块化结构中轻钢墙的承载能力。例如，100mm高、1.6mm宽的C型钢对2.7m的抗压力为36kN。因此，放置在600mm中心的成对的C型钢，可以抵抗高达120kN/m长度的墙。这种压缩阻力相当于一个12层建筑底部的墙体荷载。

墙体两侧附有木板的C型钢的典型抗弯和抗压强度　　　表12.5

C 型钢（S350）	抗弯和抗压强度		
	M_{el} kNm	P_C kN	P_{max} kN
70mm × 50mm × 1.6mm C	2.3	36	25
100mm × 50mm × 1.4mm C	3.2	38	27
100mm × 50mm × 1.6mm C	3.8	51	36
100mm × 50mm × 1.8mm C	4.6	69	48
100mm × 50mm × 2mm C	5.4	89	62

注：上为2.7m有效墙高和S350C型钢的数据。P_{max}为轴向荷载偏心12mm时的最大抗压强度。

12.6.2　地板

模块的地板支撑着直接施加在它们上的施加载荷和自重。预制地板一般由150～200mm厚的C型钢组成，厚度为1.2～1.5mm，间距为400mm。地板的C型钢放置在400mm中心处，以与使用的地板兼容。通过将地板连接到上翼缘上，可以防止横向扭转屈曲。地板C型钢的设计通常由偏转或可感知振动而不是抗弯力控制。

C型钢的有效弯曲性能也受到局部屈曲的影响，尽管其程度小于纯压缩时的构件。有必要检查在表12.1中的负载组合：

$$M \leqslant M_{el} \qquad (12.9)$$

其中M是作用在地板次梁上的弯矩。适用于轻钢地板设计的可用性限制来自《SCI P301》（Grubb et al.，2001年），如下：

负载挠度　　　≤跨度/450
总负载挠度　　≤跨度/350或≤15mm
自然频率，f　≥8Hz对于房间
　　　　　　　　≥10Hz对于走廊和公共空间

这些限制比钢梁更严格，以确保轻质地板感觉"坚固"。使用固有频率限制是为了使快速行走的影响不会导致可感知的振动。这是通过设计地板的自然频率至少是轻型地板最大步行速度的3倍来确保的。对自然频率的一个简单的检查，使用下面公式：

$$f = 18 / \sqrt{\delta_{sw}} \ Hz \qquad (12.10)$$

δ_{sw}是由于地板的自重和30kg/m²的额外荷载而产生的挠度（mm），这被认为是住宅建筑中施加的荷载的永久成分。由此可见，$\delta_{sw} \leqslant 5mm$（8Hz限制）和$\delta_{sw} \leqslant 3.2mm$（10Hz限制）。当静负载约为总工作负载的三分之一时，设计这些频率限制时，也会满足总负载偏转的15mm限制。

在某些情况下，模块的桁架地板还可以支撑70～120mm厚的混凝土地面，地面中可能埋有供暖用的水管。在这种情况下，次梁的厚度可以增加到2mm，以支撑2～3kN/m²的额外地板荷载。

12.6.3　顶棚

模块的顶棚构件设计用于支撑顶棚本身的自重以及安装过程中施加的荷载。建议临时施工荷载至少为1kN/m²。这意味着跨度不超过3.3m的顶棚次梁厚度一般至少应为100mm。通常情况下，顶棚次梁的尺寸与地板次梁的尺寸相同（即150mm或200mm），以便两者使用相同的支撑系统。这的优势体现在顶层模块的天花板用于支撑屋顶的雪荷载和自重。

12.6.4　边梁

边梁横跨在角柱之间，或在某些情况下，横跨在角柱和中间柱之间。边梁通常安装在地板和顶棚上，这些梁支撑着地板或顶棚宽度一半（即$1.6 \sim 2.1m$）的荷载。

边梁的设计原则与楼板相同，只是荷载和跨度更大。自然频率标准通常是一致的，因此边梁在支撑楼板自重作用下的跨中挠度应小于5mm。为使边梁具有可接受的使用性能，跨度与截面厚度之比应在$18 \sim 24$。通常情况下，300mm厚的平行法兰槽钢（PFC）的跨度可达7.2m，具体取决于模块宽度。冷弯型钢和厚度达430mm的PFC可用于较长的跨度。

此外，边梁和角柱之间的节点通常被设计为抵抗弯矩，以便为部分或完全开口的模块提供一些横向刚度。这通常是通过焊接在角柱上和用螺栓连接在边梁的腹板上的镀翼连接来实现的。然而，这种类型的连接很难提供超过边梁本身20%的弯曲能力。

12.6.5　角柱

角柱增加了墙的抗压力，对于部分或完全开放的模块，所有施加的垂直荷载都被这些柱承担。这些柱受到模块平面内刚度的约束，从而抑制屈曲，但这一假设对于开孔率高的墙体可能不成立。保守地说，角柱的有效长度是作为模块地板和顶棚之间的净距离。

角柱通常采用宽100mm或150mm的正方形空心部分（SHSs）的形式。角柱的设计受到以下因素的影响：

- 由相邻墙壁提供的横向约束；
- 上述模块在负荷应用中的偏心度；
- 上下模块之间的连接。

在角柱的设计中，建议考虑与上述模块传递的压缩荷载相结合的力矩从最小偏心12mm计算，加上每层附加边梁传递的力矩，如图12.11所示。这个力矩可能在两个方向上都起作用，因此在设计角柱时必须考虑双轴力矩。

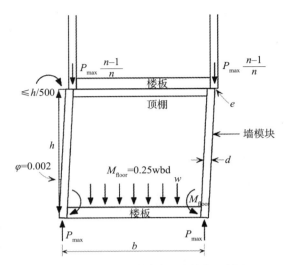

图12.11　模块墙壁或角柱受力偏心示意图

假设柱上的总压缩载荷为n倍于从一个边梁传递的载荷，作用在角柱上的轴向载荷的总偏心度为$e=12+b/n$（mm），其中b为柱的宽度，n为层数。

$b=100mm$，$n=6$，因此e大约为30mm。建议将此作为设计角柱时的最小偏心率，与建筑高度无关。

角柱上的压缩和弯曲作用组合如下：

$$\frac{P}{P_C} + \frac{P_E + M_w}{M_{el}} \leq 1.0 \qquad （12.11）$$

其中术语如模块墙所述，P_C是柱的轴向抗压强度，计算方法χP_y的轴向压缩阻力，M_{by}是y方向的屈曲阻力矩，M_{bz}是z方向的屈曲阻力矩，e是压缩载荷的有效偏心，在x和y方向上至少30mm，M_w是由于风作用于角柱引起的弯矩。

在x和y方向上分别考虑风载荷，并使用表12.1中的载荷系数与轴向载荷相结合。

对于除末端外不受限制的SHS柱，其抗压强度由$P_C=A\chi f_y$给出，其中χ是由柱在较弱方向的长度计算出的屈曲减少因子。与墙体C型钢方法相比的唯一区别是，SHS构件的缺陷参数为屈曲曲线a，见表12.4。

表12.6显示了可适用于不同尺寸SHS角

SHS 截面（S355 钢）	抗弯和抗压强度		
	M_{by}（kN·m）	P_C（kN）	P_{max}（kN）
$100 \times 100 \times 5$	23.6	398	270
$100 \times 100 \times 8$	34.8	613	430
$100 \times 100 \times 10$	41.1	743	520
$150 \times 150 \times 5$	55.3	710	490
$150 \times 150 \times 10$	101.5	1380	950

SHS角柱的典型抗弯和抗压强度　表12.6

注：P_{max} 是柱子可承受的最大荷载。有效角柱高度为2.7m时的数据。

柱的典型抗压强度 P_{max}。对于建筑面积为 25m²、支撑走廊面积为2.5m²的模块，每层作用在拐角柱上的典型系数荷载为60kN。使用此表，可以计算出给定SHS大小的允许楼层数。这表明，一组高达16层楼高的模块可以设计使用150×150SHS的角柱。

12.7　结构完整性

12.7.1　一般要求

坚固性，也称为结构完整性，涉及意外或极端加载事件中稳定性和损伤局部化，如《建筑规范》批准文件A（2004年）的要求。满足这一要求的一种方法，是通过在施工构件之间进行适当的捆绑作用来提供替代

的负载路径。《BS 5950-5》中关于系结的要求的指导参考了《BS 5950-1》中的原则，其中系结力不小于作用在元件上的垂直剪切力。Lawson等人（2005年）对轻钢框架和模块化结构的坚固性进行了指导，并解释如下：

模块组的可行性是考虑从概念上去除模块角落的一个支撑，并确保对模块损坏的影响是局部的。对于这些计算，可以考虑降低的附加荷载系数为0.33，恒载系数为1.05。对于这种极端的设计情况，可能会忽略风荷载。

模块化单元通常在所有四个角处水平和垂直捆绑，如图12.12所示。这些连接是通过板和单个螺栓进行的，并按每个模块的放置顺序安装。连接在一组模块的内部连接处可能会有问题，要放置的第四个模块难以在其底部进行连接，除非通过设备竖井或其他开

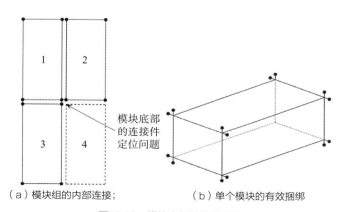

（a）模块组的内部连接；　（b）单个模块的有效捆绑

图12.12　模块之间的绑扎动作

口接触该连接位置。

12.7.2 模块化系统的坚固性

对于模块化结构，可以通过考虑与地面或中间楼层失效的支撑及各种局部损伤相对应，来建立可靠的结构作用。图12.13显示了由于底层模块部分的概念拆除而失去拐角支撑或中间支撑的两种极端情况。这相当于失去一个角支撑，或者对于连续支持的模块，对模块的一端和长侧的一半失去支撑。

由于失去这种支撑而产生的力通过模块之间的拉力来抵抗，可以假定与每个模块的连接能够抵抗施加于该模块的负载。模块本身的制造工艺十分坚固，拆除一个支撑物所

产生的力可由墙壁的水平力抵消，墙壁由各种类型的木板支撑或包覆。

图12.14显示了拆除一个支架时模块的有限元分析结果，并考虑了墙壁的隔膜作用导致模块的扭转和弯曲刚度（Lawson et al., 2008年）。分析中，产生的最大水平捆绑力为模块总载荷的26%。因此，建议将水平系结力的最小值安全地作为在此条件下施加于模块的总载荷的三分之一（即，对于模块的 $1.05 \times$ 自重加上设计施加载荷的三分之一）。

对于自重可达4kN/m²、建筑面积为25m²的轻型模块，其最小拉结力约为35kN。对于自重高达6kN/m²的较重模块，最小拉结力应增加到50kN。

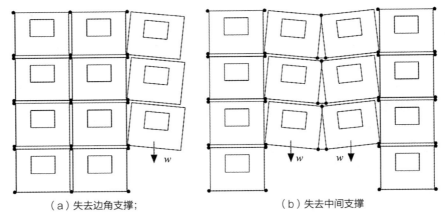

（a）失去边角支撑; （b）失去中间支撑

图12.13 模块化建筑的稳健性设想方案

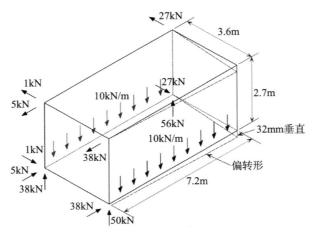

图12.14 拆除模块一角支撑时拉杆受力示意图

案例研究40：托特纳姆的11层学生宿舍

每辆卡车可运输两个书房卧室单元

走廊采用X形支撑，以确保稳定性

Unite Modular Solutions公司的第4个高层建筑是作为黑尔村（Hale Village）项目的一部分，这是一个城市重建项目，紧邻伦敦北部的Tottenham Hale车站主线。学生宿舍高11层，拥有680间卧室，呈阶梯状，逐渐降至5层。在菱形建筑的较高部分，9层模块建筑坐落在一个由两个开放式的公共层组成的平台结构上。

该设计的创新部分是安装有支撑的轻钢走廊盒式模块，将风荷载从垂直的模块堆栈转移到建筑四角的核心，并由X形支撑的剪力墙补充。由于靠近主要铁路线建筑采取了预防措施，将模块安装在氯丁橡胶条支座上。

这些模块的外部宽度从标准书房卧室的2.7m到微型公寓的3.7m不等。厨房模块宽3.4m。模块的墙壁由70×1.6mm C型材组成，间距为300～600mm，这取决于在给定水平上施加的荷载。地板采用150×1.6mm C型材。

两个塔式起重机能够以每两周安装一层（60个模块）的速度安装，这意味着楼板上部的完成速度比现场施工快3～4倍。该项目仅用了11个月就完成了，预计节省了12个月。

这些模块使用方板在其凹角处连接在一起，并用4个M16螺栓固定到焊接螺母上。相同的连接板还提供了钢角附件，这些角钢通过螺钉固定在X形支撑的轻钢走廊盒上。

通过使用从基板通过模块外部表面的孔的激光，模块得以以极高的精度进行安装。这样，就可以达到小于3mm的位置精度。底层模块安装在50mm厚的氯丁橡胶承载条上，上面有一个4mm的钢垫板。为了考虑相邻混凝土核心筒的施工误差，对模块的水平位置进行了调整。这些偏差被容纳在模块之间的20mm的间隙中。

该建筑获得了BREEAM的"优秀"评级，通过使用保温抹灰层和其他类型的轻质围护材料，建筑外立面实现了传热系数（U值）低于0.22W/（m²·K）。

参考文献

British Constructional Steelwork Association. (2007). *National structural steelwork specification for building construction.* 5th ed. London.

British Standards Institution. (1996). *Loading for buildings. Code of practice for dead and imposed loads.* BS 6399-1.

British Standards Institution. (1997a). *Structural use of steelwork in building. Part 5. Code of practice for design of cold formed thin gauge sections.* BS 5950-5.

British Standards Institution. (1997b). *Loading for buildings. Part 2. Wind loading.* BS 6399-2.

British Standards Institution. (2000). *Structural use of steelwork in building. Part 1. Code of practice for design in rolled and welded sections.* BS 5950-1.

British Standards Institution. (2004a). *Steel structures—General rules and rules for buildings.* BS EN 1993-1-1: Eurocode 3.

British Standards Institution. (2004b). *Specification for continuously hot-dip zinc coated structural steel and strip—Technical delivery conditions.* BS EN 10346.

British Standards Institution. (2004c). *Gypsum plasterboards. Definitions, requirements and test methods.* BS EN 520.

British Standards Institution. (2005a). *Actions on structures. Part 1-1. General actions—Densities, self-weight, imposed loads for buildings.* BS EN 1991-1-1: Eurocode 1.

British Standards Institution. (2005b). *Actions on structures—General actions. Part 1-4. Wind actions* (and its UK national annex). BS EN 1991-1-4: Eurocode 1.

British Standards Institution. (2006). *Steel structures—General rules. Supplementary rules for cold-formed members and sheeting.* BS EN 1993-1-3: Eurocode 3.

British Standards Institution. (2008). *Execution of steel structures and aluminium structures. Technical requirements for steel structures.* BS EN 1090-2 and amendment A1 (2011).

Building Regulations (England and Wales). (2004). Structure: Approved document A. www.planningportal.gov.uk.

Grubb, P.J., Gorgolewski, M.T., and Lawson, R.M. (2001). *Building design using cold formed steel sections. Light steel framing in residential construction.* Steel Construction Institute P301.

Lawson, R.M. (2007). *Building design using modules.* Steel Construction Institute P367.

Lawson, R.M., Byfield, M., Popo-Ola, S., and Grubb, J. (2008). Robustness of light steel frames and modular construction. *Proceedings of the Institute of Civil Engineers: Buildings and Structures,* 161(SB1).

Lawson, R.M., Ogden, R.G., Pedreschi, R., Popo-Ola, S., and Grubb, J. (2005). Developments in pre-fabricated systems in light steel and modular construction. *Structural Engineer,* 83(6), 28–35.

Lawson, R.M., and Richards, J. (2010). Modular design for high-rise buildings. *Proceedings of the Institute of Civil Engineers: Buildings and Structures,*163(SB3), 151–164.

第13章

混凝土模块结构设计

本章介绍了混凝土模块的结构设计，并根据其结构性能阐述了与模块布局相关的一些重要内容。同时，还阐述了《BS EN 1992：欧洲规范2》对钢筋混凝土设计的相关要求。与混凝土模块的施工和安装相关的问题见第17章，这些问题也会影响模块的结构设计。

13.1 模块化预制混凝土构件的设计原则

在模块化预制混凝土建筑施工过程中，钢筋混凝土墙将垂直和水平荷载通过结构传递到基础上。使用预制混凝土还有助于满足以下额外要求：

- 阻燃性；
- 隔声性；
- 隐蔽工程［电气和卫生（设施）］；
- 墙内外装饰；
- 热质量，以帮助控制内部温度。

此外，使用预制混凝土的模块化建筑也具有以下结构特征特点：

- 浅层楼板区（150～200mm），其中一个模块的顶棚构成另一个模块的地板；
- 薄壁（125～150mm），由相邻模块形成的双皮墙；

- 两间房间可以容纳在一个模块内；
- 墙体的承载能力非常高，使高层建筑的建造成为可能；
- 水平稳定性由模块的墙体提供。

预制混凝土模块的结构设计与现位钢筋混凝土的设计相同。模块的尺寸应尽可能标准化，允许预制制造商在工厂生产中充分利用可用的模具。这些模块的设计和配置应使铸造、打击、提升和安装尽可能简单。

13.2 混凝土的特性

混凝土组合设计的控制因素通常是混凝土脱模时的强度。构件一般在浇筑后的12～24h就必须从模板中"脱模"并移走，以便下一个单元可以浇筑。由于生产过程中的这种快速周转，人们采用了各种方法来加快混凝土的早期强度，使用快速硬化水泥、混凝土旱强剂和外部加热，在模板外或模板内进行蒸汽养护和电加热。表13.1列出了混凝土在脱模和脱模后28d时所需的典型强度。预制模块中使用的典型混凝土类别为C35/45（圆柱体/立方体强度，单位：N/mm²）；混凝土特性的定义见下文。

预制混凝土制造商需根据当地供应，特别是骨料的分级情况，修改其混凝土配合比设计。为了有效和经济地使用浇筑模具，制造商通常会使用比一般用于现场混凝土更高强度的混凝土。

为减少振捣器的使用，自密实混凝土（SCC）也越来越多地用于预制混凝土中，从而减少混凝土的压实劳动。与传统混凝土相比，SCC通常还具有更高的强度和更优越的表面光洁度（Goodier，2003年）。

13.3 标准与规范

《BS EN 1992：欧洲规范2：混凝土结构的设计》是钢筋混凝土构件的相关设计规范，包括预制混凝土。《欧洲规范2》与《BS 8110》并存多年，但在2010年，该标准被取消。

《欧洲规范2》中用于混凝土建筑结构设计的两部分是：

- 《BS EN 1992-1-1：建筑和土木工程结构的通用规则》；
- 《BS EN 1992-1-2：结构防火设计》。

每个部分都有一个国家附件（NA），为某些部分因素［或国家确定的参数（NDPs）］提供国家价值。关于新代码的建议可以从英国伦敦混凝土中心获得。英国结构工程师学会于2006年就相关内容出版了一本设计手册。

预制混凝土的典型强度 表13.1

组件	额定等级	28d立方体强度（N/mm²）	脱模立方体强度（N/mm²）	设计强度（N/mm²）	28d的弹性模量（kN/mm²）
梁、剪力墙、楼板	C30/40	40	20~25	18.0	28
柱、承重墙	C40/50	50	25~30	22.5	30

资料来源：改编自Elliott, K. S., *Precast Concrete Structures,* BH Publications, Poole, UK, 2002.
注：混凝土强度以圆柱体/立方体强度为单位（N/mm²）。

13.3.1 《EN 13369》及其他产品标准

预制混凝土构件也应符合相应的产品标准《EN 13369：预制混凝土产品通用规则》，相关标准列于表13.2。这些标准是根据《EN 13369》的"例外情况"编写的；也就是说，它们要么接受《EN 13369》中的内容，要么有取代EN标准中的镜像条款。

主要章节介绍了应用领域、材料、制造、制造公差、最小尺寸、混凝土覆盖层、表面质量和机械作用阻力，即承载能力。其他部件涉及耐火、隔声、耐久性、运输、安装以及使用中的安全性。

关于预制混凝土的相关BS EN标准 表13.2

标准	标题
《BS EN 1168：2005》	空心板
《BS EN 12794：2005》	基桩
《BS EN 13224：2004》	密肋板构件
《BS EN 13225：2004》	线性结构构件
《BS EN 13369：2004》	预制混凝土产品通用规则
《BS EN 13693：2004》	特殊屋顶构件
《BS EN 13747：2005》	楼板构件的楼板
《BS EN 14650：2005》	金属纤维混凝土工厂生产控制通则
《BS EN 14843：2007》	楼梯
《BS EN 14991：2007》	基础构件
《BS EN 14992：2007》	墙体构件

13.3.2 《欧洲规范2：混凝土结构的设计》

《欧洲规范2》的钢筋混凝土设计基于混凝土的特征柱强度而不是立方强度，并根据《BS 8500：混凝土》的规定，这是《BS EN 206-17》（BSI，2000年）的补充英国标准。例如，对于C35/45级混凝土，其圆柱体强度为35N/mm²，其立方体强度为45N/mm²。混凝土的典型结构性能见表13.3。

《欧洲规范2-1-1》（《BS EN 1992-1-1》）规定的混凝土性能　　表13.3

符号	定义	数值（以单位或按定义）								
f_{ck}(N/mm²)	特性圆柱体强度	12	16	20	25	30	35	40	45	50
f_{ck}cube(N/mm²)	特性立方体强度	15	20	25	30	37	45	50	55	40
f_{ctm}(N/mm²)	平均抗拉强度	1.6	1.9	2.2	2.6	2.9	3.2	3.5	3.8	4.1
E_{cm}(kN/mm²)	正割弹性模量	27	29	30	31	33	34	35	36	37

注：含石英石骨料的混凝土在28d的平均正割弹性模量。

所有欧洲规范均采用极限状态设计原则，其中部分因素适用于荷载（作用）和材料强度。荷载的部分因素是所有材料所共有的，见表12.1。对于组合作用的载荷，应用于可变作用的载荷系数会降低。对于可用性极限状态下的设计，使用非因素荷载。

材料特性是根据它们的特征值来指定的，这些特征值通常对应于所考虑的特性的假设统计分布的定义分数（通常是较低的5%分数）。对于《欧洲规范2》中的极限状态的设计，混凝土的材料系数为γ_c=1.5，钢筋的材料系数为γ_s=1.15。混凝土轴心受压设计强度由$f_{cd}=\alpha_{cc}f_{ck}/\gamma_c$给出，其中$f_{ck}$为混凝土的柱体强度，$\alpha_{cc}$是考虑对抗压强度的长期影响的因素（英国$\alpha_{cc}$为0.85）。在可用性极限状态下，$\gamma_c$取为1.0。

《欧洲规范2》中使用的简化应力块见图13.1，用于制定钢筋混凝土墙和地板弯曲的设计方程，与《BS 8110》中的内容相似。混凝土最大压应力取$0.85f_{ck}/1.5$，压缩块的厚度取中性轴厚度的80%，$f_{ck} \leqslant$ 50N/mm²。

钢筋的设计强度由$f_{yd}=f_{yr}/\gamma_s$给出，其中f_{yr}是钢筋的特征强度（通常为500N/mm²），γ_s是上述定义的部分因子。根据《欧洲规范2》设计的英国钢筋性能见《BS 4449：混凝土钢筋规范》（2005年b）。

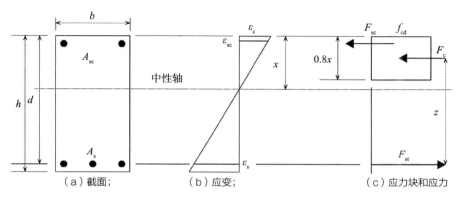

图13.1　钢筋混凝土弯曲部分的简化应力块

13.3.3　混凝土构件的最小尺寸

混凝土构件的最小尺寸主要取决于其耐火性。这还包括到钢筋的最小轴距离（盖板加半钢筋直径）。最小宽度梁、柱、板的厚度见表13.4。

从制造的角度来看，最小的壁厚通常在140～170mm，对应的墙壁的耐火时间为60min或90min。然而根据声学，分隔墙通常使用的最小厚度为180mm。墙壁一般包含两层钢网状钢筋。如果设计的构件有较大的开口或门窗洞口，尤其是靠近墙体末端的开口或门窗洞口，则应格外小心。该模块及其吊点的设计还应考虑其从模板中吊起以及后续安装过程中所受的力（见第17章）。

对于耐火性能的混凝土构件的最小尺寸（mm）				表13.4
	耐火性（最小值）			
构件	R30	R60	R90	R120
柱-完全暴露	200	250	300	450
柱-部分暴露	155	155	155	175
墙-暴露两侧	120	140	170	220
墙-暴露一侧	120	130	140	160
梁-宽度	80	150	200	200
板-厚度	150	180	200	200
钢筋轴距-板	$20a$	$20a$	30	40

注：a 指实际最小值。

设计混凝土墙抗压能力是根据净高决定的。对于模块化单元中的墙，其两端单独浇筑在顶棚或楼板的两端，有效高度可视为实际墙高度的0.9倍，作用于墙体末端的力矩也应结合轴向载荷进行考虑。在方案设计中，墙的高度应小于其宽度的20倍，这样细长墙的屈曲效果就不会比其纯抗压能力降低50%以上。

楼板和梁的最大跨深比取决于其端部固定度，典型情况见表13.5。170mm厚的钢筋混凝土板，通常跨度可达4.2m，可以使用表13.6中的数据获得固体混凝土板的初始尺寸。随着跨度和施加载荷的增加，较厚的板需要进行更多的加固。这些值基于使用C35/C45等级混凝土和20mm覆盖的S500钢筋，适用于60min耐火（Brooker和Hennesey，2008年）。

最大跨度：楼板和梁的可接受使用性能厚度比	表13.5
要素	跨度：有效厚度
简支梁	14
连续梁	18
简支板	20
连续板	24
悬臂	6-8

注：有效厚度是从构件顶部到抗拉钢筋中心的距离。

13.3.4　加强措施

墙壁和板通常包含两层钢筋，通常为网格钢筋的形式，因为网格钢筋固定起来比单个钢筋更快也更简单。当裂缝控制非常重要时，还应考虑早期的热效应和收缩效应，尤其是需要外露围护时。

单跨梁（m）	2.5	3.0	3.5	4.0	4.5	5.0
作用荷载（KN/m²）	**板面总厚度（mm）**					
1.5	115	115	115	120	135	150
2.5	115	115	115	130	145	160
5.0	115	115	125	140	160	175
7.5	115	120	135	155	170	190
作用荷载（KN/m²）	**加固（kg/m²）**					
1.5	3	3	4	4	6	7
2.5	3	4	5	6	7	8
5.0	3	5	6	7	8	11
7.5	4	5	6	7	8	10

实体楼板中钢筋的初始尺寸　表13.6

资料来源：Brooker, O., and Hennessy, R., *Residential Cellular Concrete Buildings: A Guide for the Design and Specification of Concrete Buildings Using Tunnel Form, Cross-Wall, or Twin-Wall Systems*, CCIP-032, Concrete Centre, London, UK, 2008.

墙内垂直钢筋的最小面积应至少为墙总截面积的0.2%，该面积应平均分在墙体的两面。为了有效浇筑混凝土，垂直钢筋的最大面积不应超过墙体总横截面积的4%。水平钢筋应平行于墙面，其最小面积应等于垂直钢筋的25%或总截面积的0.1%，以较大者为准。这些钢筋之间的间距不得超过壁厚的3倍或400mm，以较低者为准。

对于楼板，主钢筋的最小面积是由于施加载荷和自重而作用于它的弯矩的函数（表13.6）。钢筋面积的限制与墙体相同。主钢筋的间距一般不应超过楼板厚度的3倍或400mm，以较大者为准，且间距应减少到集中载荷区域厚度的1/2。二次（分布）钢筋的面积不小于主钢筋的20%，钢筋间距不超过板厚度的3.5倍。

示。非垂直排列的墙壁被设计为由模块的地板或顶棚来支撑。这些非承重墙仍然可以使用相同的预制模块化施工技术来生产，或者可以是轻型的填充墙。

可重复制造的模块及其细节可以显著节省时间和材料成本。通过仔细使用不同组合的3个或4个基本模块设计，可以实现多种布局。然而，更复杂和更少重复的建筑布局可能会导致模板和劳动力成本的增加，材料使用的浪费，以及更长的安装时间。

预制混凝土模块可以根据需要与其他系统组合，如预制板或墙板或钢框架，例如，如果需要传统的倾斜和瓷砖屋顶结构。使用预制混凝土模块的建筑高度可以从单层到5层或6层。

13.4　模块布局

高效的模块化结构要求主承重墙在地板之间垂直排列。这些墙的位置通常根据公寓之间的隔断墙的位置需求决定，如图13.2所

13.5　深化设计

在对模块的形式和布局达成一致后，再进行详细的设计。在详细设计中需要考虑的因素如下。

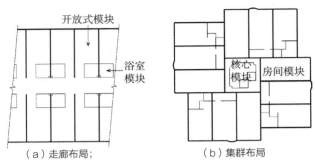

（a）走廊布局；　　　　　　　　　　（b）集群布局

图13.2　模块化预制结构的典型布局

资料来源：Brooker, O., and Hennessy, R., *Residential Cellular Concrete Buildings: A Guide for the Design and Specification of Concrete Buildings Using Tunnel Form, Cross-Wall, or Twin-Wall Systems*, CCIP–032, Concrete Centre, London, UK, 2008.

13.5.1　强度和稳定性

　　由于有大量的承重墙，模块化预制混凝土结构非常耐水平荷载。然而，在开放式模块的设计中，当水平载荷垂直于墙时，稳定性可能会出现问题。此外，开放式模块还应考虑施工过程中的临时稳定性。

　　连续的混凝土墙和板本身较为坚固，可以通过适当地加固钢筋细节来满足结构完整性的要求。而在跨墙施工中，个别面板和板之间的接缝应充分加强以满足要求。

　　此外，还应准备关于模块在施工过程中确保临时稳定性的方法编制说明。

13.5.2　接缝和连接件

　　可采用多种的方法将预制混凝土模块与其他构件连接起来。这些连接应能够在结构构件之间向三个方向传递力。模块内的接头和与相邻模块的连接也必须能够提供结构的完整性。

　　突出的启动杆经常被浇筑到基础上，以便将混凝土模块和其他预制构件连接到现场混凝土基础，如图13.3所示。然后，预制单元可以延伸到基础上，启动杆插入单元的孔中。模块对齐后放置在钢垫片上，以达到正确的位置和高度。当模块处于正确位置并调平时，对关节进行灌浆。也可以将现场混凝土放置在预制单元上，以形成地板的最终表面，该顶部的最小厚度通常为60mm。

　　图13.4显示了将一个预制混凝土模块放置并连接到另一个模块上的类似原理。钢筋

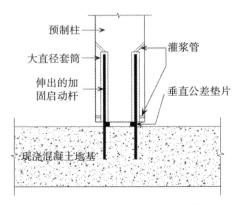

预制柱

大直径套筒

伸出的加固启动杆

灌浆管

垂直公差垫片

现浇混凝土地基

图13.3　用于基础连接的投影启动杆

资料来源：Concrete Centre, Precast Concrete in Buildings, Report TCC/03/31, London, UK, 2007.

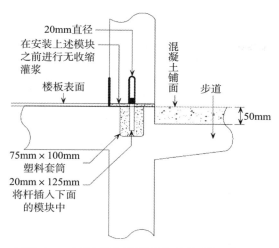

图13.4　一个带有阳台的预制混凝土监狱单元的内部链接（Oldcastle Precast公司提供）

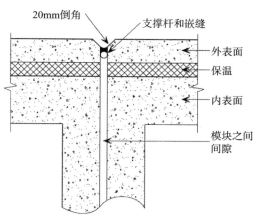

图13.5　预制混凝土监狱中的外部连接件（平面视图）（Oldcastle Precast公司提供）

和线圈被灌浆到模块中，以便将它们固定在一起。两个预制混凝土模块的平面视图如图13.5所示，其中绝缘材料包含在模块的外表面中。这两个模块在结构上不相互连接，间隙用背杆和填缝密封。

13.5.3　误差

预制混凝土在产品标准中给出推荐生产公差，这些公差可以在最终规范中发生变化，这里给出的值将用于指导，更严格的公差可能会增加制造成本。

墙体构件的长度、高度、厚度和对角线尺寸的允许公差见表13.7，其数据取自《BS EN 14992》。该标准有两类公差：A类，通常比《BS 8110》更繁重，和一个不那么严格的B类。

由于尺寸误差对整体结构的影响，A类更有可能用于模块化建筑。地板公差见《BS EN 13747》。

13.5.4　阳台

预制混凝土阳台主要用于住宅建筑或酒店，可作为模块的一部分浇筑或在以后附加。阳台单元采用从背面突出的钢筋浇筑，可连接到混凝土模块中的钢筋。钢筋可采用螺纹钢筋，放入预先准备好的套筒或孔中，随后在现场进行灌浆。在灌浆或找平层达到足够的强度之前，阳台单元会得到临时支撑。阳台单元通常包括整体排水细节和一个上架，以便在门接口处进行适当的防风雨处理。阳台上部还可铺设瓷砖或围护，并安装

墙体构件的允许公差				表13.7
墙体构件的允许偏差				
构件参考尺寸				
等级	<0.5m	0.5~3m	3~6m	6~10m	>10m
A	±3mm	±3mm	±3mm	±3mm	±10mm
B	±8mm	±14mm	±16mm	±18mm	±20mm

资料来源：British Standards Institution, *Precast Concrete Products: Wall Elements*, BS EN 14992, 2007.

图13.6　预制模块铸成的阳台（Oldcastle Precast公司提供）

上架或扶手。

　　如图13.6所示，阳台或走道也可以作为主模块顶棚的一部分进行单独浇筑。

13.5.5　基础和转移结构

　　条形基础或桩基地基梁可用于支撑混凝土模块。条形基础仅适用于低层预制混凝土结构。对于桩基础，钢筋混凝土地梁将荷载转移到桩上。模块的布局、重量以及接地条件影响最后的桩设计。根据所支撑模块的数量和大小，支柱荷载可达数百吨。

　　混凝土模块也可以通过结构转换的支撑放在开放空间的上方。考虑到所承受的荷载，转接结构通常采用相对较厚的钢筋板形式，由一系列柱子支撑，柱子间距根据下面空间的使用情况而定。这些柱子将外加荷载和模块自重传递到地基，通常采用桩群和桩帽的形式，位于墙壁或柱子下方。

13.5.6　安装时的设计要求

　　安装是使用混凝土预制构件的一个关键环节。安装的设计考虑因素包括预制场和现场的起重机能力、运输和进入现场的通道。混凝土预制构件需要在现场有足够的空间来运送、卸载和储存模块。工厂使用移动起重机或有时使用高架龙门起重机。图13.7显示了一个正在安装的模块以及对开放模块底座的临时支撑。在第17章将有进一步的介绍。

图13.7　现场安装预制混凝土模块，显示墙底部的临时支撑（Oldcastle Precast公司提供）

参考文献

British Standards Institution. (2000). *Concrete. Specification, performance, production and conformity*. BS EN 206-1.

British Standards Institution. (2004a). *Common rules for precast concrete products*. BS EN 13369.

British Standards Institution. (2004b). *Design of concrete structures. Part 1-1. Common rules for buildings and civil engineering structures*. BS EN 1992-1-1, Eurocode 2.

British Standards Institution. (2004c). *Design of concrete structures. Part 1-2. General rules—Structural fire design*. BS EN 1992-1-2, Eurocode 2.

British Standards Institution. (2005a). *Precast concrete products. Floor plates for floor systems*. BS EN 13747.

British Standards Institution. (2005b). *Steel for the reinforcement of concrete—Weldable reinforcing steel—Bar, coil and decoiled product—Specification*. BS 4449.

British Standards Institution. (2006). *Concrete. Parts 1 and 2*. BS 8500 (complementary British Standard to BS EN 206-1).

British Standards Institution. (2007). *Precast concrete products: Wall elements*. BS EN 14992.

Brooker, O., and Hennessy, R. (2008). *Residential cellular concrete buildings: A guide for the design and specification of concrete buildings using tunnel form, cross-wall or twin-wall systems*. CCIP-032. Concrete Centre, London, UK.

Concrete Centre. (2007). *Precast concrete in buildings*. Report TCC/03/31. London, UK.

Concrete Centre. (2008a). *Properties of concrete for use in Eurocode 2*. London, UK.

Concrete Centre. (2008b). *How to design concrete buildings to satisfy disproportionate collapse requirements*. London, UK.

Concrete Centre. (2009a). *Concrete and the code for sustainable homes*. London, UK.

Concrete Centre. (2009b). *Design of hybrid concrete buildings*. London, UK.

Concrete Centre. (2011). *How to design concrete structures to Eurocode 2—The Compendium*. London, UK.

Elliott, K.S. (2002). *Precast concrete structures*. BH Publications, Poole, UK.

Goodier, C.I. (2003). The development of self-compacting concrete in the UK and Europe. *Proceedings of the Institution of Civil Engineers: Structures and Buildings*, 156(SB4), 405–414.

Institution of Structural Engineers. (2006). *Manual for the design of concrete building structures to Eurocode 2*. London, UK.

Narayanan, R.S. (2007). *Precast Eurocode 2: Design manual*. CCIP-014. British Precast Concrete Federation, Leicester, UK.

第14章

模块化结构中的围护系统、屋顶和阳台

围护系统可以预先连接到模块上，或作为单独的构件在现场安装。在这两种情况下，作为围护系统细节的一部分，模块间的连接都可以被隐蔽或强调。本章介绍了各种类型围护的特点及其对模块设计的影响，如第15章所述，在预制混凝土模块中，模块的外表面可以在工厂内完成。

围护系统的热性能和可再生能源技术的集成都是现代设计中的关注要点，本章也将进行介绍。

14.1 轻钢模块的围护类型

在使用轻钢框架设计模块化建筑时，可考虑4种通用的围护类型：

1. 地面支撑的砌砖，其中砌砖通常从基础或平台水平在现场建造，并由模块横向支撑。

2. 隔热抹灰层，在现场将隔热材料固定在模块的外部基层板上。这种轻质围护由模块支撑，掩盖了模块之间的接缝。

3. 雨幕围护系统多采用金属板、瓷砖或金属板，通过绝缘材料固定在外部基层板上。对于较重的瓷砖系统，通过水平轨道连接到模块的轻钢结构上。

4. 砖片附着在金属板上，或粘结在通过绝缘层与模块相连的基层板上。虽然砖缝是在现场用砂浆填平的，但这种围护系统通常被认为不具备防风雨性。此外，它的重量

也增加了作用在模块上的荷载。

砖砌结构的设计一般可承受3 ~ 4层楼高（约12m）的自重。模块单元的侧向支撑由模块上的不锈钢抗腐蚀垂直滑轨与空腔墙体拉杆相连接提供，这些拉杆以600mm的间隔用螺钉穿过外部基层板固定到模块的轻钢框架上。砖砌连接件通常每5层砖砌一道，或在窗户周围每3层砖砌一道。砌砖工程附件的详细信息见图14.1。

通常情况下，轻钢模块不会对砖砌体提供垂直支撑，除非提供额外的钢支撑结构。在砌砖工程的窗户开口上方需要安装吊带。然而，砖砌围护通常用于建筑的较低层，上面使用轻质围护。

轻质围护的形式多种多样，从抹灰层和瓷砖到金属板和水泥板。这些围护系统可以被设计为完全由建筑任意高度上的模块支撑。在单独的基层板上使用保温隔热措施，

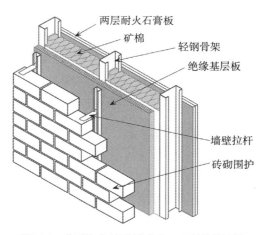

图14.1 典型的砖砌围护与轻钢下层结构的连接

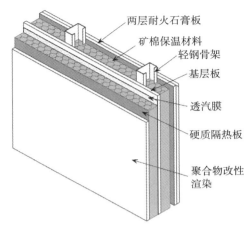

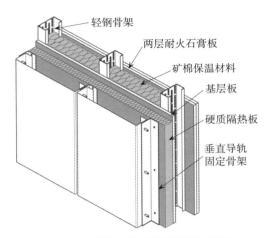

图14.2 典型的附着在覆面板上的渲染覆套

图14.3 附着于围护系统的典型抹灰层

如图14.2所示。基层板在临时条件下提供耐候性，提高使用建筑的气密性。

在雨幕系统中，水平或垂直的钢轨通过外部绝缘板和基层板用螺丝固定在模块的轻钢框架上。当封闭单元绝缘板的厚度超过约100mm时，固定件可能会变得过于松动，而不能有效地支撑瓷砖或绝缘板。在这种情况下，可能需要单独的不锈钢或铝制L形支架，这可以进行调整，以考虑到模块放置时的现场公差。

对于所有雨幕围护系统，模块设计为耐风雨，并提供所需的热性能水平，独立于所使用的围护类型。对于金属围护系统，垂直或水平的钢轨都可以预先固定在模块的轻钢框架上，如图14.3所示。这个系统充当了一个雨幕，因此需要一个额外的基层板，C型钢显示为穿孔，这减少了通过结构构件的热桥接的影响。

另一种金属围护系统是使用横向跨度较大的复合板（也称夹芯板），这种板可提供更大的刚性，而不需要隔热板。复合材料面板是耐风雨的，并被设计用来增加立面的保温效果，可以通过固定在面板外部钢板上的水平轨道将瓷砖连接到复合材料面板上，如图14.4所示。

图14.5~图14.10展示了在模块化建筑上使用这些类型围护的例子。

图14.4 由复合材料面板支撑的瓷砖
（Kingspan公司提供）

图14.5 在贝辛斯托克的一个模块化住宅开发项目中，采用了高达四五层的落地式砖砌结构，并且在其上方使用了保温抹灰层

图14.6　伦敦北部学生宿舍的创新型隔热效果图和金属围护（Unite Modular Solutions公司提供）

图14.7　位于伦敦北部的学生住宅（Unite Modular Solutions公司提供）

图14.8 伦敦东区社会住房的雨幕（Rollalong公司提供）

图14.9 莱明顿水疗中心会议中心
（Terrapin公司提供）

图14.10 都柏林的模块化公寓中混合使用保温抹灰层、防雨幕墙和
地面支撑阳台

14.2 热工性能

模块化建筑在住宅中的使用越来越多，因为其场外建造的特性使得建筑围护结构的热工性能更可靠，重要的热工性能特性包括了：

- 绝热性；
- 最小化热桥接；
- 气密性；
- 冷凝控制。

隔热层的特点是建筑外壳的热传输或U

值，这是衡量通过1m²的热损失率函数上的温度差为1℃，其单位为W/（m²·K）。在表6.2（零碳中心，2009年）中给出了当前规范中实现能源使用目标的代表性U值。

在现有项目中，外墙U值小于0.2W/（m²·K），屋顶U值小于0.15W/（m²·K）。这需要使用具有证明热工性能的技术，其中适当考虑热桥和气密性等因素。

在现代隔热良好的建筑中，空气通过建筑外壳渗透造成的热量损失可占总供暖需求的30%以上。因此，提高气密性与保温性能同样重要，这通常需要使用密封的膜或连接良好的围护系统。然而，随着建筑物气密性的增强，有必要保持新鲜空气的质量，并通过使用具有热回收的控制通风系统来消除冷凝的风险。

轻钢结构采用"暖框架"框架原则，其中大部分绝缘材料放置在结构外部，如图14.1～图14.3所示。在模块化结构中，在墙壁的C型钢之间放置额外的矿棉绝缘，用于隔声和耐火。为避免任何间隙冷凝的风险，建议将提供的总绝缘水平的三分之二放置在框架外部。当在轻钢框架外放置至少60mm的封闭槽绝缘板时，这就满足了要求，因为它的导热系数较放置在C型钢之间的100mm厚的矿棉要低。

14.2.1　普通建筑材料的热性能

材料通过单位表面积的热透射率由其热导热系数λ除以其厚度d来定义。金属具有较高的导热性，而绝缘材料如矿棉和聚氨酯，是良好的绝缘体，具有较低的导热性。普通建筑材料的热性能见表14.1。对于多层墙或屋顶，将各层的热阻d_i/λ_i加在一起，以确定它们的组合电阻。U值是构件总热阻的倒数。表面阻力可以考虑到内外表面和内腔的局部传热，但这些对U值的影响相对较小。

建筑材料的热性能　　表14.1

材料	导热系数 λ W/（m²·K）	热阻 m²/（K·W）
钢	50	
不锈钢	16	
铝	160	
石膏板	0.25	
渲染	1.0	
木板	0.17	
砖砌	0.77	
重型砌块	1.44	
轻型砌块	0.19	
混凝土	1.65	
聚苯乙烯板/可发性聚苯乙烯板（EPS）	0.032～0.035	
矿棉	0.037～0.040	
聚氨酯（PUR）/聚异氰脲酸酯（PIR）闭孔隔热材料	0.025	
空气间隙（高发射率）		0.18
空气间隙（低发射率）		0.44
外表面电阻		0.04
内表面电阻		0.13

14.2.2　热桥控制

当任何由高导热性材料制成的部件出现温差时，会产生热桥。与热传导率较低的相邻表面区域相比，热桥的热传递更高。大多数热桥发生在结构的不连续性部位，如墙角、接缝、门窗以及隔热材料的缝隙处。严重时，热桥造成的湿气凝结会影响建筑物的耐久性。

在计算外墙系统的U值时，应明确包括重复热桥。额外的线性热桥应以Ψ值的形式单独计算，并加入整体热损失计算中。这些Ψ值乘以热桥的长度，再除以墙体的暴露面积，以确定其对热损失的总体影响。点状热桥也可能出现在横梁或阳台穿透建筑外围护结构的地方。这些热桥的总影响可能高达总传输损失的20%。

14.3 轻钢组合墙的热工性能

表14.2列出了适用于不同类型隔热材料（EPS、PUR或PIR）的具有100mm厚C型钢、间距600mm轻钢墙的热性能。此外，矿棉也被放置在墙体之间。在C型钢，外部连接了基层板，内部连接了单层石膏板。

无空腔轻钢墙隔热效果图的U值

表14.2

绝缘厚度 mm	可发性聚苯乙烯板 EPS $\lambda=0.035W/(m\cdot K)$	闭孔隔热材料 $\lambda=0.025W/(m\cdot K)$
60	0.27	0.23
80	0.23	0.19
100	0.20	0.16
120	0.18	0.14

资料来源：Lawson, R.M., Sustainability of Steel in Housing and Residential Buildings, The Steel Construction Institute, P370.

注：在所有情况下，矿棉都放置在C型钢之间。U值考虑了墙体中的C型钢。

图14.11显示了穿过墙壁的热曲线，说明了通过C型钢的局部热损失。使用100mm的EPS或80mm的闭孔（PIR/PUR）板与基层板外部粘合的后加外保温系统，U值为0.2W/（m²·K）。

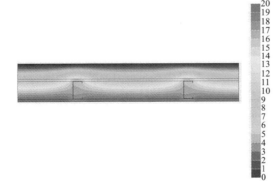

图14.11 轻钢墙后加外保温系统的热剖面图（外部PUR隔热层厚度为80mm）（Steel Construction Institute提供）

14.4 气密性

建筑围护结构的气密性对建筑物的能耗有很大影响。建筑物的漏风点主要集中在建筑构件和服务连接处。

14.4.1 定义和测量方法

气密性通常用漏气值来表示，漏气值是通过对建筑物进行气压测试来确定的。气密性是通过鼓风机门测试来测量的，鼓风机门测试包括一个用于测量空气流速的校准风扇和一个用于测量风扇产生的压力感应装置。气压和流量的组合可用于估算建筑物围护结构的气密性。

气密性应根据《BS EN 13829》在内50Pa压差下进行气密性测试。漏风量可定义为每小时换气次数（ach），即1h内进入建筑物的空气量相对于其封闭容积，单位为$n50/h$。也可以用建筑物内的空气体积除以建筑物外围护结构的表面积来表示，同样用1h内的换气量（m³/m²/h）来表示这个系数称为空气渗透率，或q_{50}。这两个参数之间的比率取决于建筑物的规模和比例。

一个典型的单户住宅的表面积为200～250m²，体积为300～350m³。ach与m³/m²的比例是，1ach大约相当于通过单户住宅的1.5m³/m²/h空气泄漏量。这个比例因建筑尺寸和形式而不同。

在英国，建筑的目标空气渗透率值为10m³/m²/h（在50Pa的压力下测量）。所有建筑面积超过500m²的新建筑必须进行气密性测试和能量计算中使用的实际值。对于未经测试的建筑物，在建筑能源计算中必须使用默认值为15m³/m²/h。典型建筑气密性的数据测量结果见表14.3。现代模块化建筑可以达到高水平的气密性，这明显优于同等的现场施工。

基于典型建筑测量的气密性数据	表14.3
建筑类型	**50Pa 时漏风率（m³/m²/h）**
《建筑规范》中设想的典型现场施工	10
使用模块化建筑的住宅建筑	1~3
预制木结构或轻钢结构房屋（排屋）	3~5
低能耗独立式住宅	0.8~2

14.4.2 蒸汽的影响和防风屏障

防潮层在控制冷凝方面起着非常重要的作用。防潮层的主要作用是防水蒸气，因为可以防止温暖潮湿的空气侵入较冷的建筑围护结构。建筑外围护结构内表面的防潮层的连续性是非常重要的，尤其是在转角、连接处和开口周围的细节等地方。防潮层的耐用性也是一个重要问题，因为它必须与建筑物本身一样持久耐用。由于防潮层在现场安装时容易损坏或穿孔，因此采用模块化单元安装防潮层更为可靠。

挡风板用于防止气流进入隔热材料。在多孔、低密度材料中会产生风对流，导致通过隔热材料的热流增加。这会导致隔热材料的热阻降低，并可能将湿气带入建筑结构。最常见的挡风板是基层板和防潮石膏板。

14.5 屋顶系统

一般来说，模块化建筑的屋顶有4种构造形式：

1．模块顶部本身就是屋顶，经过防风雨处理，通常在模块的四角铺设整体式落水管。

2．檩条与建筑立面平行，支撑斜屋顶。檩条可连接到三角形或弧形墙框上，这些墙框位于模块的承重侧墙上。

3．屋顶桁架垂直于建筑立面，由模块的前后立面墙壁（或模块的角柱）支撑。

4．为创造可居住空间而设计的模块化屋顶单元。在这种情况下，模块一般为人字形，由下面的模块直接支撑。

在模块化结构中使用的不同类型的屋顶系统的例子如图14.12所示。在这种情况下，一个退进式模块支撑在下面模块的侧壁上，但屋顶阳台由下面模块的顶棚支撑。

在伦敦西部的一个模块化住宅项目中使用了一个弯曲的屋顶，如图14.13所示。这个项目是通过一个由模块支撑的单独的弯曲轻钢结构实现的。

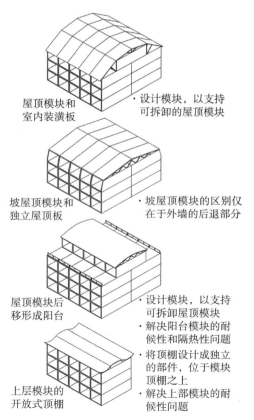

屋顶模块和室内装潢板
· 设计模块，以支持可拆卸的屋顶模块

坡屋顶模块和独立屋顶板
· 坡屋顶模块的区别仅在于外墙的后退部分

屋顶模块后移形成阳台
· 设计模块，以支持可拆卸屋顶模块
· 解决阳台模块的耐候性和隔热性问题
· 将顶棚设计成独立的部件，位于模块顶棚之上

上层模块的开放式顶棚
· 解决上部模块的耐候性问题

图14.12 组合式建筑屋顶结构示例

图14.13   伦敦西部Birchway项目中的弧形屋顶
（Furtureform公司提供）

折叠式屋顶可以用所需的屋顶轮廓制造的模块来建造。约克的一个5层学生宿舍（图14.14），由于规划原因需要退进式屋顶，便采用了这种屋顶形式。

在所有情况下，屋顶与模块化单元之间的接口设计都能抵抗重力荷载造成的压缩和风力造成的拉伸。这些力的大小将根据屋顶的跨度和间距而增加。对于跨度为12m且坡度为6°的屋顶，每个保持点的上拔力可能在10kN左右。

14.6   模块化建筑中可再生能源技术的应用

可再生能源技术可以集成到模块单元中，也可以附着在模块建筑的屋顶和墙壁上。最常见的可再生能源解决方案是光电板和太阳能集热器。

14.6.1   光伏技术

光伏电池利用基于半导体的技术将光能转化为电流。产生的电能可以通过一个逆变器将直流电转换到交流电源。有两种形式的光伏（PVs）——一种是用于制造独立式面板的晶体硅或更坚硬的形式；另一种呈非晶硅形态，粘结在金属表面。

大型光伏板通常支撑在连接屋顶的水平轨道上，如图14.15所示。它们位于屋顶的南坡上，安装在东西向的屋顶可能会降低效率。包含PV层的深灰色或黑色瓷砖看起来很有科技感，因此它们不会影响房子的外观视觉。图14.16展示了一个具有整体光伏瓦屋顶的传统住宅。

在英国，晶体光伏板的峰值功率输出约为20W/m²。考虑到季节变化和屋顶方向，

图14.14   约克一个5层学生宿舍使用的折叠式屋顶模块
（Elements Europe公司提供）

图14.15   光伏板与"绿色"弧形屋顶相结合，用于模块化住宅（Futureform公司提供）

图14.16 传统住宅中使用的光伏屋顶瓦片
（Working Borough Council提供）

屋顶的年平均产量约在100kW·h/m²。对于一个典型的20m²的家庭住宅，产生的能量可达2000kW·h，相当于隔热良好的房屋空间供暖所需能量的一半。

其他形式的PVs可以粘合在玻璃上，用于屋顶或遮阳，如图14.17所示。这种类型的光伏更适合于商业建筑，或者教育建筑。

图14.17 用作遮阳的光伏玻璃

模块化组件在生产过程中可附带光伏电池板的连接点，电气逆变器和电缆可安装在模块内，以减少现场安装、调试和测试的时间。

14.6.2 太阳能集热器

太阳能热集热器已经使用多年。在太阳能集热系统中，阳光通过吸收器转化为热量，水-乙二醇溶液作为传热液体循环。加热后的液体被转移到一个水锅炉，利用热能来帮助加热家庭用水。该系统由一个泵和控制单元进行控制。太阳能热系统也被用于在地板下供暖系统中提供低温供暖。

太阳能集热器通常是附着在屋顶上的独立单元，但它们也可以集成到金属围护系统中。

14.6.3 机械通风系统

高度隔热和气密的建筑需要有效的通风，以避免陈腐空气、异味和高湿度的积聚。机械通风和热恢复系统（MVHR）通常是通过在每个主要房间，特别是厨房和浴室安装抽风机来实现的。抽风机将室内暖空气输送到热交换器（一般位于阁楼），热交换器将热量传递给进入的室外冷空气。模块化设备可以内置管道和抽风机，也可以将MVHR系统安装在外墙旁边的模块内。图14.18举例说明了位于模块厨房单元内的小型MVHR装置。

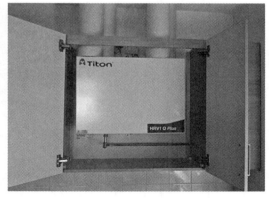

图14.18 模块化厨房内安装的机械通风和热交换器
（Futureform公司提供）

14.7 阳台

阳台能在平淡无奇的建筑立面上增加

趣味性和创造可利用的空间。因此，预制阳台或整体阳台是模块化建筑的重要组成部分。

在传统建筑中，地板延伸到建筑之外形成阳台。然而，这个解决方案创造了一个"冷桥"，不符合现代建筑规范。此外，为了将水流回建筑的风险降至最低，阳台的成品表面应低于内部地板表面。

在模块化系统中，可以用各种方式建造阳台：

- 地面支撑阳台，垂直堆叠，用于支撑模块的支柱延伸至地面。
- 额外的外部钢结构，具有支撑和自稳功能，因此独立于模块化建筑主体。
- 阳台悬挑于模块墙内的热轧钢柱上。这些柱子（通常为方形空心型材）上可伸出连接板，以便日后安装阳台，并最大限度地减少冷桥。
- 整体阳台是模块的一部分。在这种情况下，阳台有侧壁或角柱，并有隔热层，以防止热量传到下面的模块单元。
- 阳台由相邻模块的侧面支撑。这样，模块就能为阳台提供垂直和横向支撑。
- 悬挂式阳台由各楼层的拉杆与角柱相连。

图14.19显示了由地面支撑的阳台的应用，其中阳台部分由延伸到地面的柱子支撑。阳台被固定在模块上，以抵抗风的荷载。这是模块化构造中的一个实用的解决方案。或者可以引入一个单独的钢结构来提供整体的稳定性，并支撑阳台，如曼彻斯特的MOHO项目，如图14.20所示。

悬臂式阳台，如图14.21所示，需要大量的钢与钢连接，以抵抗从阳台转移的应用力矩。这通常要求使用模块中内置的热轧钢构件（通常为SHS）。阳台附件可以安装在通常位于模块四角的SHS柱上。为了尽量减少冷桥接，可以在阳台连接件中引入热分离器，

图14.19　瑞典马尔默市模块化住宅中的地面支撑阳台（Open House AB公司提供）

图14.20　曼彻斯特MOHO由独立结构支撑的阳台（Yorkon公司提供）

图14.21　在模块角柱上支撑的阳台（Caledonian Modular公司提供）

并在结构连接件完成后局部应用墙体保温材料。

另一种更简单的技术将阳台或外部空间作为模块的一部分，这已经在各种项目中实施过。这里的外部空间必须是防水的，通常部分封闭，如图14.22所示。模块的侧面作为阳台的侧面，还有一种方法是悬挂在相邻突出模块两侧之间的阳台上，如图14.23所示。

连接板从模块的侧面伸出，制作阳台的现场附件。

悬挑斜拉阳台可以相对不引人注目，但它们必须被绑在模块的角柱上，因为它们会对支撑物施加水平力。模块角柱处阳台的支撑细节，如图14.24所示。

图14.22　伦敦北部Raines Court的阳台与模块融为一体（Yorkon公司提供）

图14.23　模块之间支撑的阳台（Open House AB公司提供）

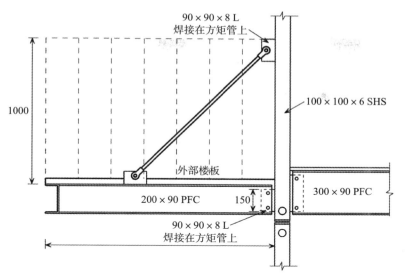

图14.24 阳台与模块的SHS角柱相连的细节

参考文献

British Standards Institution. (2001). *Thermal performance of buildings. Determination of air permeability of buildings. Fan pressurization method*. BS EN 13829.

Building Regulations (England and Wales). (2010). *Conservation of fuel and power*. Approved document L1.

Lawson, R.M. (2007). Sustainability of steel in housing and residential buildings. The Steel Construction Institute, P370.

Zero Carbon Hub. (2009). Defining a fabric energy efficiency standard for new homes. www.zerocarbonhub.org.

第15章

模块化建筑中的服务接口

模块内的公共服务设施安装在工厂内完成，而与建筑中央服务设施和排水系统的末端建筑设备则在现场完成。公共服务设施在建筑内的垂直和水平分布是设计过程的重要组成部分。在传统建筑中，公共服务设施的安装非常耗时，而且往往非常关键。在模块化建筑中，建筑内大部分的公共服务设施都可以在工地外进行安装和测试。

服务接口包括将模块内的公共服务设施与建筑其他部分的公共服务设施连接起来。公共服务设施还包括电梯和机房，它们也可以以模块形式加工出来。本章将探讨钢结构模块和混凝土模块对模块化建筑内公共服务设施的一般要求。

15.1 轻钢结构模块中的公共服务设施

在轻钢结构模块中，可以制造独立的墙板、楼板和顶棚，并配备电缆，在模块组装时，可以在墙板的连接处将电缆固定在一起。在可能的情况下，服务设施应设计成与主要框架构件平行。不过，可能需要在地板次梁和墙壁部分开孔，为防止电缆磨损，这些开孔在用于配电时应在其周围安装橡胶索环。

垂直管道通常设置在模块的角落，如图15.1所示。模块中设备立管的容许位置如图15.2所示。在图15.2（a）中，角柱没有连接

图15.1 位于模块角落的检修立管（Caledonian Modular公司提供）

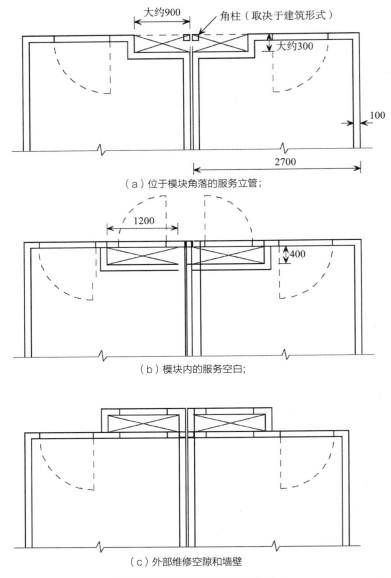

（a）位于模块角落的服务立管；

（b）模块内的服务空白；

（c）外部维修空隙和墙壁

图15.2　模块之间管道间的可能位置

到相邻的墙，这意味着它必须被设计为稳定结构；在图15.2（b）中，设备作为墙的一部分开口较小；在图15.2（c）中，设备立管位于模块的线外，这意味着模块角落的稳定性不受设备开口的影响，相反地，必须增加走廊宽度以容纳设备立管。

模块单元外部的垂直设备线路需要在地板和顶棚上的管道周围进行防火封堵，以防止火灾时烟雾通过。设备与模块连接的位置也必须密封。

在某些类型的建筑中，可以从中央设备间引出多个设备立管，从而减少管道的水平分布。冷风机等设施也可以安装在封闭的屋顶空间内。在大型建筑中，设备设施和机房也可以采用模块化安装。

轻钢模块中的典型设备设施如图15.3所

示，其中相邻模块中的垂直管道的通道组合在一个管道间中。在这种情况下，模块没有角柱，这必须考虑其承载力和吊起方法。管道周围的防火封堵如图15.4所示。在这种情况下，基层板应该是不可燃的，因为它应该防止烟雾或火焰通过垂直设备区。

整体卫浴可以用薄墙和地板（50mm厚）组成，并安装在模块的地板上，使声学地板的厚度与吊舱的地板对齐。整体卫浴的特点。建议在"中性防霉胶"下方铺设防水，并延伸至模块的墙壁。

模块化建筑可采用的其他设备布置方案包括以下内容：

• 利用走廊和其他空间沿建筑布置设备管线；
• 利用每个模块内的地板和顶棚空隙布设管道、电缆和空气循环管道；
• 模块拐角处垂直排水立管连接；
• 中性防霉胶通过背靠背相连以将垂直设备合并在一起。

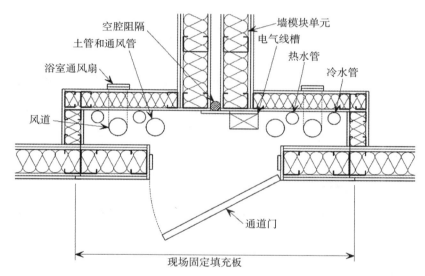

图15.3　使用轻钢框架在模块之间建造的典型检修立管

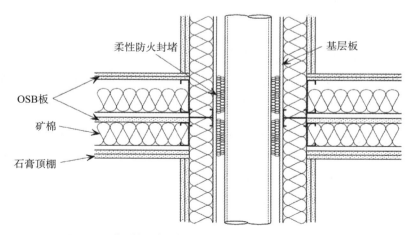

图15.4　典型的垂直服务线路，显示楼层之间的防火封堵

图15.5所示的另一个模块化方案是制造包含一套浴室的模块。在这种情况下，模块可以选择适合于集装箱运输的宽度。在一套浴室中，共享设备管线是很常见的，这减少了现场服务设施的配件。在第10章中讨论的其他混合结构形式中，利用浴室和厨房作为承重模块，并将其余结构以面板形式建造是有效的。

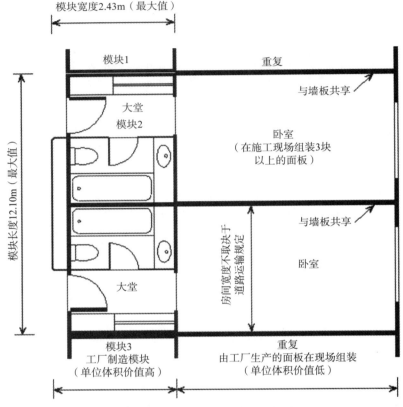

图15.5　作为单个模块制造的一对浴室

15.2　混凝土模块中的设备管线设计

在交付到现场之前，设备管线可以安装并固定在混凝土模块内，如图15.6所示。配电间可以在混凝土内部的管道中进行浇筑，这比表面配电布线在视觉上更容易接受并可防止被篡改线路，这对于居住安全很重要。采购和详细的设备管线布局设计需要一种更综合的方案。如有需要，还可以增加附加设

备，如铺设地暖。

对于大多数预制混凝土模块，水和垃圾处理设施垂直分布到每个模块或一对模块。垂直立管通常位于毗邻走廊角落的浴室区域，因此需要设置维护通道。应该在设计过程的早期决定每个模块需要设置立管还是一组模块，如图15.7所示。在某些情况下，可以从中轴线构建设备设施，使其中的模块围绕中轴线集群化。

图15.6 作为预制模块单元一部分安装在生产过程中的设备管线
（Precast Cellular Structures Ltd.提供）

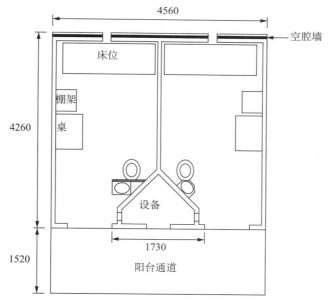

图15.7 预制混凝土监狱模块的共用管道间平面图，
带一个整体阳台（Rotondo Weirich提供）

15.3 组合式机房

专业的模块化厂房制造商将设备间用于多层办公室和其他建筑。模块化设备间包括所有的中央供暖和通风设备，并且其需要便于维护。当模块应用于室外（通常指屋顶）时，通常模块是包覆的。模块化设备间通常非常大，因为设备很大，模块可以设计为部分开放式，以便两个或多个模块创建更大的设备间。

（a）显示其设备设施的模块框架；

（b）围护的屋顶单元

图15.8　模块化机房（Armstrong Integrated Services提供）

图15.8展示了一个模块化厂房及其围护的结构示例。在这种情况下，模块结构采用焊接在一起的小型方矩管。外部使用复合材料面板，以保证框架结构的防水性和保温性。

15.4　模块化核心筒

在大型办公楼或医院中，可以使用许多不同类型的模块来容纳厕所、设备间、楼梯和电梯。模块化厕所可以采用不同尺寸和规格，以加快维护和装配的速度。在办公楼中，模块的地板厚度应等于一般开放式空间中的提升入口楼层的厚度，厚度通常为150mm。图15.9展示了8个连接在一起的模块，其具备了一部组合电梯、楼梯和浴室设施。这个系统更广泛应用于大型办公楼，其中使用有支撑的钢结构框架以提供稳定性。

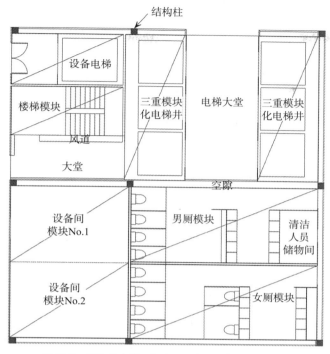

图15.9 模块化电梯、机房和卫生间连接成建筑核心

15.4.1 模块化电梯

在20世纪80年代末,迫于在商业建筑中快速安装和调试电梯的压力,Schindler集团首次使用了模块化电梯(图15.10)。最近,该集团在英国希思罗机场的T5号航站楼安装了模块化电梯。

模块化升降机需要在工厂内安装导轨、门和最后一道工序。导轨需在工厂内精确对齐,以尽量减少现场调整。模块化升降机通常采用以下4种不同的模块类型:

- 底坑(1.4m或1.7m高);
- 梯门高度模块(特定电梯类型的典型模块);
- 楼层区域模块(结构区域特定于项目,该模块用于考虑该区域);
- 顶盖(提升轴头部的模块,通常容纳提升马达)。

电梯井至少有一个电梯开口,因此该立面不能采用横梁。电梯井的横向移动应保持在最低限度,因此通常在门立面使用刚性框

图15.10 使用轻钢部件的模块化升降系统
(Schindler集团提供)

架，框架上有热轧钢柱和横梁。支撑轻钢填充墙构成电梯井的三个封闭侧面。施工期间需提供临时防雨措施。

电梯井的偏差要求比一般建筑严格得多，因此必须消除电梯井模块与相邻结构之间的垂直偏差。在模块的四角使用垫片，以尽量减少这种偏差。

自从首次引入模块化移位机以来，电梯的现场施工得到了显著改善。20年前安装一部升降机需要8～10周的时间，现在大约只需要2周。升降机技术的改进缩小了升降机驱动设备的尺寸，以至于对于载重量不超过1600kg的电梯，不需要电机房。

《BS 5655》是电梯和服务电梯的相关英国标准，包括以下部分：

第5部分已被《BS ISO 4190-1：1999》取代，其中提供了有关电梯井道尺寸的信息。

第6部分（2012年）提供了有关公差、驱动器类型和标准接口的指导。

导轨在井道内的位置因电梯类型和特定制造商使用的细节而异。

15.4.2　电梯尺寸

在模块化结构中，提升轴可以作为主体结构的一部分进行安装。对于住宅建筑，630kg的电梯一般适用于5层高的建筑。图15.11显示这种电梯需要1.9m×1.6m的内部净尺寸。800mm的标准门开口适合轮椅通道，在某些应用中可增加到900mm。对于需要移动病床的疗养院和医院，需要更深的移位机。住宅建筑的电梯底坑厚度为1.4m。

梯井通常按照隔墙的标准建造，以隔离电梯在运行时的噪声。因此，建议在提升轴周围设置两层隔墙。导轨支撑应在整个垂直尺寸上不大于2.5m，并承受冲击和制动负载。这可能需要在地面水平的升降井周围使用SHS圈梁来传递这些效果。模块化提升轴与轻钢支撑结构的连接如图15.12所示。

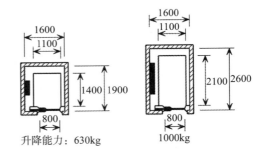

注：车高2200mm
　　入口2100mm
　　适用于英国的残疾人通道
　　1000kg电梯适合担架

图15.11　升降机尺寸符合《BS ISO 419011》标准

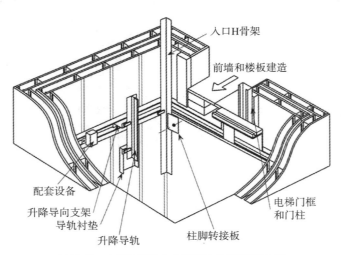

图15.12　在轻钢模块中安装模块式升降机和导轨

参考文献

British Standards Institution. (2010). *Lift (elevator) installation. Class I, II, III and VI lifts*. BS ISO 4190-1.

British Standards Institution. (2011). *Lifts and service lifts. Code of practice for the selection, installation and location of new lifts*. BS 5655-6.

第16章

模块化系统中的建造难题

模块化建筑的施工需要掌握安装方法、模块间的连接方式，以及模块与基础、围护、屋顶和服务设施的衔接。在大多数工地，每天可安装6～10个模块，具体取决于天气条件、施工现场通路情况、运输距离等因素。

本章将讨论轻钢模块和混凝土模块安装过程中的问题，以及与影响施工过程的非模块部分的衔接问题。

16.1 基础界面

如图16.1所示，模块结构可用于多种地基。对于带有承重侧墙的模块，最常用的地基系统是条形基脚或由桩帽支撑的地梁。对于设计有角柱的钢制模块，可使用垫脚或桩帽。对于荷载更大的混凝土模块，则更多地使用桩基。

对于桩基来说，每根桩之间的跨度短，地梁就小，而桩帽较少，较大的桩则会导致地梁较长，因此也就较深。带有3根或4根桩的桩帽宽度可达2m，厚度可达1m，当进行地面工程时应考虑到这一点。桩帽顶面现场浇筑以确保顶面平整和水平，以达到安放模块所需的精度。在交付模块之前，应仔细检查地基和模块所处支承面的精度。模块单元

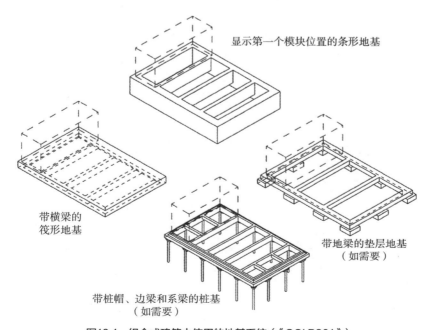

显示第一个模块位置的条形地基

带横梁的
筏形地基

带地梁的垫层地基
（如需要）

带桩帽、边梁和系梁的桩基
（如需要）

图16.1　组合式建筑中使用的地基系统（《SCI P301》）

与地基之间的衔接也必须提供充分抵抗各个方向的力，以满足结构稳定性的要求。

对于住宅楼中使用的装配式轻钢模块，作用在地基上的线荷载通常为每层12～20kN/m（服务荷载即结构使用寿命期间预期的最大荷载强度）。因此，对于一栋5层的建筑，地基上的线荷载高达100kN/m。对于混凝土模块，每层的线荷载可能为30～50kN/m。

在箱体钢模块中，作用在每个角柱上的集中荷载通常为每层50～80kN（服务荷载）。这相当于在5层高的建筑中，角柱上的总荷载可达400kN。在某些情况下，地基系统也会受到向上的力的影响，这是由于轻质模块受到风力作用，并取决于建筑的平面形式和高度，以及是否提供了额外的支架支撑。

模块底板的水平度应在整个模块周边都非常精确。模块单元可使用模块下方的钢垫片进行找平，垫片最大厚度为20mm。模块长度上可接受的垂直误差为0～3mm。在某些系统中，可使用垂直销钉来确定模块在地基上的位置，同时也能提供抗剪能力。如果需要对地基进行抗拔固定，则通常使用化学锚栓。

模块与底座之间的衔接必须具有适当的防潮性能，以降低腐蚀风险。模块应位于防腐层（DPC）的上方。如果无法做到这一点，则应在DPC层以下的所有钢构件上进行相当于Z460镀锌（460g/m²锌）或适当的沥青涂层的防腐处理。

模块化建筑的特点是提供悬浮式地板。《建筑规范批准文件C（2000年）》建议，这种地板应在地面和悬浮地板结构之间留有通风的空气层，地面必须覆盖一层合适的防潮材料。为了达到良好的保温效果，模块底层的设计还应使 U 值小于0.15W/（m²·K），这可能意味着要在底层模块的顶部或底部附加隔热材料。

图16.2是模块与其地基之间界面的典型细节，摘自《SCI P302》（Gorgolewski等人，2001年）。对于轻荷载情况底板可采用水泥刨花板的形式，而对于较高的垂直荷载，则采用钢板。显然，模块的地面层可能比外部地面层高（最多可达300mm），在设计残疾人通道时应考虑到这一点。

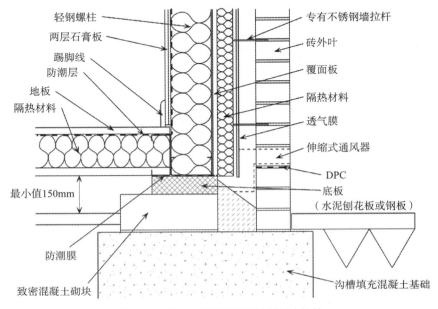

图16.2　支撑砖砌围护的典型沟槽填土地基

16.2 模块容差与衔接

各种类型的模块在制造过程中都会出现一定程度的尺寸偏差。就轻钢模块而言,自动化的板材制造可以非常精确(约-3~1mm),但运输和安装过程中组件的弯曲以及模块放置的精确度,都可能导致与理论尺寸的偏差。在木结构建筑中,长期收缩会导致进一步偏移,而在混凝土建筑中,浇筑过程中模具的稳定性和准确性会对最终的几何形状产生重大影响。

中低层模块化建筑最关键的公差往往与平面尺寸有关。任何维度的尺寸变化都会减小模块之间的空间,并可能导致模块之间、电梯和其他服务设施之间发生碰撞,或者在极端情况下导致与地基的不正确对齐。

在高层建筑中,尤其是6层及以上建筑,控制垂直公差更为重要。模块墙壁的高度差异往往与系统和安装方法有关,在极端情况下,这可能会导致模块的高度出现错位,或出现垂直失准效应,使模块变成楔形。

一般来说,模块的位置可以稍作移动,以保持立面两端的整体垂直度,但这样会形成锯齿状截面。如图16.3所示,在较高的建筑中,还会出现保持楼层水平度的问题。

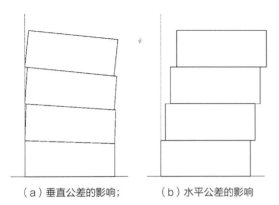

(a) 垂直公差的影响;   (b) 水平公差的影响

图16.3 模块化建筑的制造和安装公差对垂直度的影响

当垂直荷载通过角柱传递时,可在角柱

之间的连接处使用垫片,以确保模块处于理想位置。还可以使用具有足够刚度的隔声垫进行调整,这些隔声垫的厚度可根据现场测量的尺寸进行调整。

在砖砌模块中,模块的楼板的高度通常以75mm为单位进行设计,以适应多层砖砌,因此需要在地基层面精确排布砖砌。其他形式的预制围护需要在接缝处进行调整,以便与模块系统的施工公差相匹配。公差的调整在与现浇混凝土构件(如稳定核心筒和电梯井)的连接时,需要协调公差。

轻型设备连接相对灵活,但污水管和通风管道以及其他大直径元件可能需要特别考虑,尤其是在与地面设施进行连接的地方。在大直径设施管道和地面工程之间进行垂直连接的一种方法是使用S形偏置弯管,这些弯管的相对旋转可以适应一定程度的偏差。

16.2.1 钢结构模块的公差

在英国建筑钢结构协会(BCSA)的《英国钢结构规范》(NSSS)中,刚架结构中支柱的允许偏离垂直度为$\delta_H \leq$高度/600,但每层不应超过5mm。此外,对于10层以上的建筑,整栋建筑高度范围内的累计垂直度偏差不应超过50mm。

在模块化建筑中,当一个模块放置在另一个模块上时,会产生两个位置误差的因素。这是因为模块在制造过程中,以及在用起重机安装模块时可能存在实际定位精度形成的宽度差异。

制造过程中,模块几何形状的最大允许公差可参考图16.4。这相当于长度、宽度和垂直度的允许偏差为$h/500$,其中h为组件高度。模块边角之间的允许弯曲度为$h/1000$(或3mm)。

当考虑到一组共n个模块时,模块四角的平均偏离垂直度可取为允许最大公差的一半。因此,生产过程中的累计偏离垂直度可

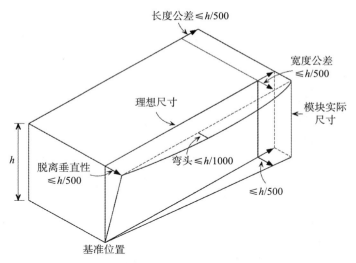

图16.4　制造模块时允许的最大几何误差

取$nh/1000$，建筑物高度nh上的偏差相当于$3n$ mm。

除了制造公差之外，建筑高度上的总垂直偏差δ_H还包括由于安装方法和模块间的连接形式而产生的位置误差。考虑到将一个模块放置在另一个模块顶部存在实际困难，建议一个模块顶部相对于下面模块顶部的最大水平偏差不超过12mm。不过如图16.4所示，该位置公差还包括模块制造公差，可高达6mm。

建筑高度的任一楼层、一组n个模块中，由于安装所有模块而在该楼层产生的累积位置误差可在不同楼层得到部分修正。Lawson和Richards（2010年）提出，可将任意楼层模块顶部的最大偏离垂直度e取为$<12\sqrt{(n-1)}$（单位：mm）。

在$n=12$层的情况下，该公式得出模块化建筑顶部允许的累计垂直度偏差为40mm，并且建议40mm的最大限制也适用于高层建筑。这一允许误差显然比钢结构建筑的最大误差50mm更为严格，尽管模块化建筑中相邻楼层之间的位置误差可能更大。

实际操作中，应从最低模块的底座开始，用激光线参照底座测量几何对齐情况。这样，几何误差就可以逐步得到纠正。这些偏离垂直度公差设计基于名义水平荷载法包含在一组模块的稳定性设计中，详见第12章。

16.3　模块与模块之间的连接

模块之间的连接在结构上非常重要，因为它们对模块组件的整体结构稳定性和坚固性有很大影响。模块之间的连接位于模块的顶部和底部，通常采用水平或垂直连接板的形式。这些连接必须在模块外部进行，这可能会对某些模块的布置造成实际困难。

这些连接通常通过移动接入平台。如图16.5所示，与模块凹角处进行连接更为简便。在这种情况下，连接角钢的端板提供了模块之间的垂直连接。水平方向的连接可以用螺栓板连接角钢，如图16.6所示。有些系统还在角柱之间安装隔声垫，以消除任何直接撞击声音传递，但对于大多数建筑类型来说，这通常不是必需的。

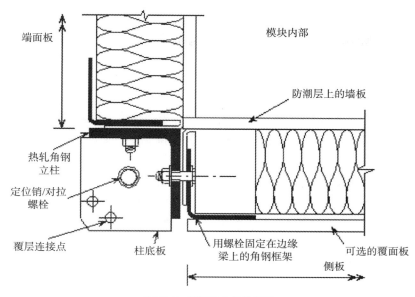

图16.5 模块重入角的细节

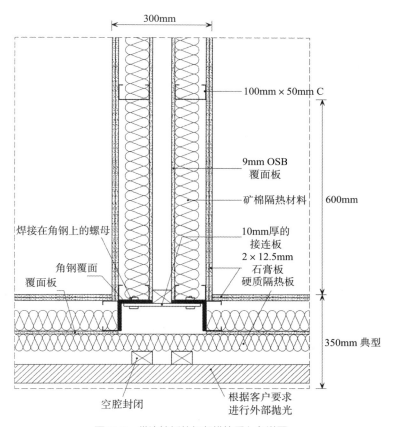

图16.6 带连接板的相邻模块重入角详图

连接件的设计目的是传递风荷载引起的水平力，以及在意外事件中失去支撑引起的极端力（称为稳固性或结构完整性）。第12.7节和《SCI P302》（Gorgolweksi等人，2001年）中介绍了关于如何满足模块化结构的稳固性要求。连接到12mm厚连接板上的直径为20mm的单个螺栓，可抵抗高达90kN的剪力。

当模块或模块组形成独立的防火隔间时，需要使用空腔阻隔物来防止烟雾或火焰在模块之间蔓延。阻火屏障通常采用矿棉"袜子"的形式，装在金属丝网中，其位置如图16.7所示。在各楼层和屋顶层与隔间墙交接处的外墙上也需要设置空腔防火封堵。这些空腔阻火屏障在模块安装时每层都要设置。

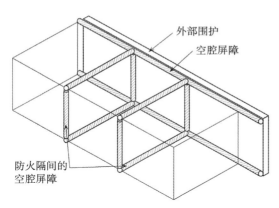

图16.7　模块之间空腔阻火屏障的位置，以防止烟雾在火灾中通过

16.4　模块化楼梯

与房间大小的模块相比，模块楼梯的设计和结构难度更大。从本质上说，模块化楼梯的设计必须解决一系列问题：楼梯模块除了底层模块的地面和顶层模块的屋顶，以及作为休息平台的顶棚和地面的一小部分外，没有真正意义上的顶部或底部。因此，楼梯模块的墙壁在其底部和顶部有相当长的长度

是不受限制的。

对于钢结构模块，模块顶部和底部的边缘构件可采用热轧型钢，如平行法兰槽钢（PFC）或方形空心型钢（SHS），如图4.19所示。

模块化楼梯一般使用双跑楼梯，在半层平台和整层平台上提供支撑。上层模块底部的整层平台坐落在下层模块顶部的平台上。下层模块顶部的平台厚度大于其上的平台，因此可用作楼梯的最后一步。图16.8显示了典型的底层、中间层和顶层楼梯模块，这些模块均采用轻钢框架结构，并在顶部设有一个假平台。这种额外的平台的另一个优点

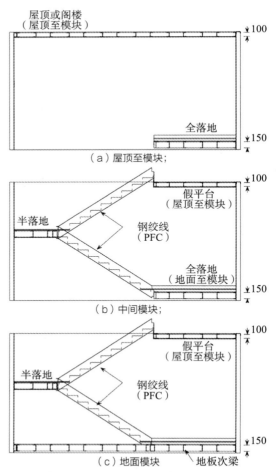

图16.8　采用轻钢结构的组合式楼梯，显示了双层顶棚和休息平台的地板

是可以为模块的部分墙壁提供横向稳定性。楼梯两侧的纵梁可以采用钢板或槽型钢的形式。

在楼梯模块中，模块之间的连接必须仔细对齐，因为它们比其他类型的模块更显眼。在安装过程中，通常需要对敞顶模块进行临时覆盖。没有地板的中间模块在安装过程中可能也需要临时支撑。在安装下一个楼梯模块之前，要拆除在运输过程中保护这些模块的防风雨薄膜。

混凝土楼梯模块也被广泛应用，并可通过将电梯井和垂直设施区域包含在内，设计成混凝土核心筒的一部分（见第3章）。

16.5 走廊支架

在模块化建筑中，房间模块通常放置在通道的两侧。在大多数情况下，走廊被设计为平面构件，但在施工过程中会受到天气的影响。这可能会削弱模块化建筑的部分优势，设备和其他组件可能会因此受损。因此，一些制造商倾向于制造长度为12～15m的模块，这些模块包含走廊，并且在建造过程中，这些模块基本上是完整的，而且不受天气影响。不过，由于模块内的走廊是开放式的，模块在运输和安装过程中可能会更加灵活。

也可以制造在两组或三组房间模块之间6～10m长的细长走廊模块，就模块之间的连接而言，这可能是一种较为复杂的施工方法。在较宽的走廊中，如果出于隔声原因需要在走廊上安装双层分隔墙，并且可以沿着走廊的顶棚空间预装设施时，可以选择这种方式。这种结构形式的最小模块宽度通常为2m。

在平面安装走廊的情况下，走廊区域的结构厚度比相邻模块浅，因为只需要一层楼板。如图16.9所示，这一额外的顶棚区域可用于供暖、通风、电气和其他服务设施的水平分布。

地板次梁可以横跨走廊，也可以沿走廊铺设。在次梁横跨楼板的情况下，如果便于安装，可将盒式托架支撑在同一水平面的模块上，或支撑在下面的模块上。如果次梁沿走廊布置，则次梁由连接模块四角的横梁（深角钢或PFC梁）支撑。这些构件也是模块之间的连接件。

设施层下方安装有吊顶，维修时可以将吊顶拆除。走廊区域的服务设施可能会导致净高度降低，在这种情况下，走廊的最低地面至顶棚的高度为2.2m。

走廊的设计形式还可以为敞开式模块提供水平支撑作用，以便将风荷载转移到

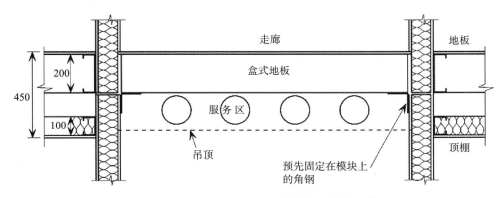

图16.9 走廊服务区位于由下层模块支撑的盒式地板系统下方

垂直支撑或钢筋核心筒上。在这种情况下，如第12章所述，连廊可以包含额外的水平格构梁，也可以通过支撑来实现这一功能。

16.6　混凝土模块的施工问题

16.6.1　施工设计

预制混凝土模块的安装方法应是初始设计过程的一部分，因此制造商应在设计过程的早期就参与进来，就安装过程、起重机要求和现场连接方法提供建议。

应在项目开始时制定一份方法说明，详细介绍如何制造、运输、安装模块或其他预制混凝土构件。混凝土构件的制造、运输包括以下细节：

- 安全（包括强制性安全声明）；
- 装卸/搬运和运输（适当考虑模块的重量）；
- 现场安装（程序、顺序、位置以及对施工计划的影响）。

在设计安装过程中的临时条件时，应考虑到吊装过程中单个构件和内部接缝的受力情况，以及部分完工的建筑结构在其余部分可能产生的支撑力。

由于混凝土的强度会随着时间的推移而增加，因此混凝土预制件工厂内从浇筑到吊装的时间显然对每天的生产周期至关重要。混凝土混合物的设计通常能使工厂内的吊装工作在16h或24h后进行。如果要在生产后很短时间内将模块化单元安装到现场，则必须确保混凝土具有足够的强度，以承受工厂和现场吊装过程中的力，包括任何额外的冲击力。图16.10显示了施工过程中的模块化预制混凝土结构。模块上有预埋插槽，用

图16.10　监狱建筑中就位的预制模块（PCSL公司提供）

于在其他现场施工时在地板周围安装安全屏障。

16.6.2　接缝与基础

将混凝土模块和其他预制构件连接到现浇地基时，需要使用工程启动杆，将其浇筑或灌浆到地基中（图16.11）。然后可以将预制构件或构件吊到地基的就位区，并将启动杆插入预制构件的孔中。模块放置在事先平整的钢垫片上。对齐后，再对这些接缝进行全面灌浆。

图16.11　在地梁上安装开放式模块化混凝土预制构件（Oldcastle Precast公司提供）

地基上接收模块的落地区域在设计时应留有足够的公差，且位置不应受限。地基落地位置区域的设计应考虑到安装过程中可能产生的冲击荷载以及模块的自重。

16.6.3 找平层

找平层用于模块之间相互连接的区域，例如每个单元的走廊和通道入口。在模块内部，应尽可能避免使用找平层，而应采用混凝土围护来铺设地面材料。有关在混凝土模块中使用砂浆的更多详情，请参见第15章。

16.6.4 阳台

混凝土模块中的阳台单元在制造时从背面伸出钢筋，可连接到主模块的钢筋上。通常的做法是将钢筋穿入事先准备好的孔中，然后再灌浆。在灌浆、混凝土和任何围护材料铺设完毕以及混凝土凝固之前，阳台单元都需要临时支撑直到混凝土具备足够强度。

16.7 模块运输

表16.1概述了英国高速公路和主干道对车辆宽度的运输要求。根据不同的车辆类型，不同运输要求的外部模块宽度分别为2.9m、3.5m和4.3m，对应的内部模块宽度约为2.6m、3.2m和4m。

当模块宽度超过3.5m时，从制造商到工地的运送路线上必须有警示公告。如果工地距离交货地点不超过300km，那么在运送宽度不超过3.5m的模块时，车上可以只配备一名司机，而不用配备其他人员。通常，出于物流方面的考虑，运货卡车需要在合适的地点（通常是高速公路服务站或其他停靠点）短暂停留，直到可以以正确的时间和顺序到达现场。

英国法律对运输车辆宽度的要求摘要				表16.1
车辆类型	装载宽度	需要车辆副驾	需要警方通知	其他通知
建筑和使用类型（C&U）	≤2.9m			
特殊类型	≤3.5m		√	
C&U和特殊类型	≤4.3m	√	√	
C&U车辆上的不可分割荷载	≤5m	√	√	表格VR1

资料来源：Department of Transport, *The Road Vehicles (Construction and Use) Regulations*, 1986, www.legislation.gov.uk.
注：当地道路可能会有额外的宽度要求。

一般来说，在模块化建筑设计中，4.3m的模块宽度应被视为在干线公路网上运输的最大限度。不过，宽度达5m的货物可以在警察护送下用铰接式货车运输。如图16.12所示，两辆宽度不超过2.9m、长度不超过7m的小型货车可放在一辆货车上，以尽量降低运输成本。对于相对狭窄的学生寝室和酒店客房，同样可以采用这种方式。

铁路桥梁可能有更多限制，其最大装载高度一般为4m。如果模块高度超过2.8m，应该使用轻载车辆。郊区的道路宽度和转弯半径可能会限制可使用的车辆类型和装载宽度。在项目初期，应对交通情况进行调查，因为这可能会影响可使用模块的大小及其安装方式。对通过一些小桥和涵洞等的车辆轴

图16.12 用卡车运送两个模块
（Unite Modular Solutions公司提供）

重和总重量也可能有限制。

狭窄的道路可能需要封路，因此，安装要么选择较安静的时段（如上午10点至下午4点），要么与一周中的某些日子联系起来。在计划安装的日子里，可能需要通知居民路边停车的情况。在夏季，每天最多可安装10个模块，但应考虑到现场困难、天气和光照条件等因素，为项目商定一个合理的安装速度。

16.8　起重和安装

16.8.1　模块吊装

模块一般使用吊梁或框架从四角吊起，可以最大限度地减少由于斜拉索受力而对模块产生的向内分力。有些轻型模块或吊舱是从底部吊起的，以避免损坏内部围护。

各种形式的提升系统如图16.13～图16.16所示，具体说明如下：

- 模块四角的斜拉索（仅适用于在顶棚上有角柱和重边梁的模块）（图16.13）；
- 单根提升横梁，四根斜拉索连接模块四角；
- 主提升梁和横梁，用垂直缆绳连接模块的四角（图16.14）；
- 矩形吊装框架（通常由焊接的空心型钢组成），允许从框架上的中间点进行吊装（图16.15）；
- 升降架配有保护笼，可由操作人员用挂绳解开模块（图16.16）。

由于模块通常是直接从卡车上吊装就位的，因此工地上需要有足够的空间来停放运货卡车，必须精心安排运送时间，以避免工地拥堵。安装模块需要适当大小的起重机，对于轻钢模块，当吊臂伸展到最大距离（约25m）时，通常需要 100t 的起重机。塔式起重机通常用于高层建筑，但一般无法在全伸状态下起吊重物。因此，安装模块的起重机的大小和位置需要详细的现场规划。

图16.13　在没有吊梁的情况下从角柱上提升模块（Yorkon公司提供）

图16.14 利用主梁和横梁提升轻钢模块（Futureform公司提供）

图16.15 从矩形框架吊起轻钢模块（Open House AB公司提供）

在选择合适的起重机和模块安装顺序时应考虑各种问题，包括：

- 现场和公共安全；
- 起重机的通道（道路）；
- 模块尺寸和重量；
- 起重机到达模块位置的最大距离；
- 场地限制，如架空电线等；
- 起重机支腿的地面承压力。

图16.16 使用连接在起重机吊钩上的保护笼吊装模块（Ayrshire Framing公司提供）

对于所有类型的模块，都应考虑比模块自重多25%的附加力，是为了顾及吊装过程中的动态力（除正常安全系数外）。所有吊梁、卸扣和缆绳在使用前都应进行负载测试，总安全系数至少为2，并应定期进行负载测试。

16.8.2 钢制模块的吊点

模块在安装过程中产生的力可能大于使用过程中产生的力。因此，在设计模块时必须考虑到吊装方法的影响。

图16.17显示了各种吊装模块的方法，其中有些方法可能会产生较大的水平力。轻

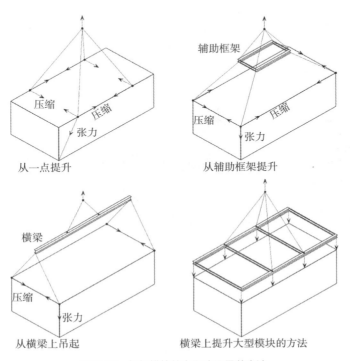

图16.17 轻钢模块的力取决于吊装方法

钢结构模块的起吊点通常位于模块的四角，特别是在角柱上可以安装卸扣或缆绳的情况下。

装配式轻钢结构模块的重量可达7~12t（相当于3~4kN/m²的楼板面积），而带混凝土楼板的轻钢结构模块的重量则增至15~25t。对于重型模块，首选吊装方法是采用二维框架，这样作用在模块上的力是垂直的。开放式模块通常需要临时支撑。

16.8.3 混凝土模块中的吊点

混凝土预制构件上的吊点是在生产过程中浇筑在构件上的，设计时尽可能将吊装过程中的平面外力降至最低（图16.18）。混凝土模块一般需要4点或8点吊装，具体取决于模块的大小，以便垂直施加荷载（图16.19）。如图16.20所示，对于有混凝土顶棚的模块，可以施加倾斜力，但对于敞顶模块一般不可能这样做。

（a）吊装导致挠曲应力和可能的开裂;

（b）吊具梁可减少挠曲应力

图16.18 提升预制构件（a）的方法不正确，导致挠曲开裂，（b）使用提升梁的方法正确

资料来源：Elliott, K.S., Multi-storey Precast Concrete Framed Structures, Blackwell Science, Oxford, UK, 1996.

图16.19 使用吊梁提升混凝土模块（PCSL公司提供）

图16.20 现场安装预制混凝土模块（Oldcastle Precast公司提供）

根据混凝土模块的大小，其自重可达 25~40t。由于模具的吸力比现场安装时可能产生的动力要大，因此在制造后的吊装过程中还需要额外增加50%的力。通常需要在吊点周围进行额外的加固，以防止开裂，尤其是在角落附近。也可使用专用装置，以减少对额外钢结构的需求（图16.21）。

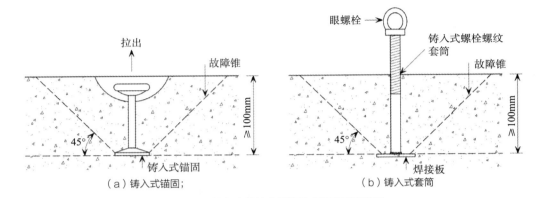

（a）铸入式锚固；　　　　（b）铸入式套筒

图16.21　混凝土模块中的浇筑式提升装置类型

资料来源：Elliott, K.S., Multi-storey Precast Concrete Framed Structures, Blackwell Science, Oxford, UK, 1996.

参考文献

British Constructional Steelwork Association. (2007). *National structural steelwork specification for building construction.* 5th ed.

Brooker, O., and Hennessy, R. (2008). *Residential cellular concrete buildings: A guide for the design and specification of concrete buildings using tunnel form, crosswall or twinwall systems.* CCIP-032. Concrete Centre, London, UK.

Building Regulations. (2000). *Site preparation and resistance to contaminants and moisture.* Approved Document C.

Department of Transport. (1986). *The road vehicles (construction and use) regulations.* www.legislation.gov.uk.

Elliot, K.S. (1996). *Multi-storey precast concrete framed structures.* Blackwell Science, Oxford.

Gorgolewski, M., Grubb, P.J., and Lawson, R.M. (2001). *Modular construction using light steel framing: Residential buildings.* Steel Construction Institute P302.

Lawson, R.M., and Richards, J. (2010). Modular design for high-rise buildings. *Proceedings of the Institution of Civil Engineers: Structures and Buildings*, 163(SB3), 151–164.

第17章

模块化工厂生产

本章回顾了钢结构、木结构和混凝土结构模块的制造工艺，其部分取决于产品在几何形状、结构和表面处理方面的潜在变化。钢结构和木结构模块可以在各种形式的半自动生产线上生产。混凝土模块的生产应考虑到模具或模板的额外制造，以及浇筑和吊装的周转。

17.1　异地生产的好处

在工厂环境中制造模块单元会有多种形式，从最简单的现场施工复制到类似于汽车制造业的复杂生产线制造。模块化系统在设计阶段的灵活性会直接影响制造过程的经济性。原则上，模块化建筑要求在一定程度上实现标准化，从而在制造和材料生产过程中实现集采性的经济效益。

与传统的现场技术相比，工厂化生产有许多潜在优势。这些优势包括：

- 通过降低风险（如工地工种的可用性和不利的天气条件），实现快速、可靠的施工计划的能力；
- 简化（和统一）的采购途径；
- 减少现场材料、构件和围护的浪费和损坏；
- 在工厂条件下高效预购、交付和储存材料；
- 提高工厂和现场的生产率；

- 生产过程机械化，包括架空运输、使用精密机床等；
- 高水平的质量控制，从而避免返工和延误；
- 工厂和现场的干作业；
- 更可靠地安装精密服务和设备，例如在医疗建筑中；
- 能够为偏远地区及恶劣环境中制造模块，这些区域往往面临现场建造成本高昂或物流困难的难题；
- 使得因生产线停机时造成的经济效益损失最小化；
- 生产速率可与现场交货相匹配，或者可将模块短期存放在工厂旁边的堆场中；
- 在受控的生产环境中降低风险，提高健康和安全水平；
- 工厂化生产的高技能和训练有素的劳动力，提供可持续就业。

这些优点与模块中使用的材料无关，但材料的选择会影响制造和施工过程。

17.2　制造轻钢和木模块

轻钢和木模块的工厂化生产形式多样，其自动化程度和经济模式也各不相同。Mullen（2011年）介绍了美国的木结构生产流程，在美国许多州都实现了约85种标准化房屋类型的工厂化生产。然而，他指出，即使是生产效率最高的工厂，在考虑到生产线的调设和停机时间的情况下，全年平均产量约为峰值产能的65%。Senghore等人（2004年）和 Mehotra等人（2005年）也对使用木结构的模块化住宅工厂的最佳布局进行了研究。

高度自动化可提高工厂运营的生产率，但投资必须通过大量生产才能收回。此外，自动化也会限制可制造模块的范围，因为生产设施在设计时要兼顾特定的最大面板尺寸及特定的构件组成方式（如墙衬和其他细节）。

在选择最佳生产方法时，必须在提高生产率和所需的资本投资与满足市场需求的设计灵活性之间取得平衡。这种最佳平衡通常反映了特定模块制造商的目标市场。采用静态生产或自动化程度较低的线性生产方式，能够更容易实现多样化和更灵活的模块化设计。针对大批量重复性建筑（如酒店和学生宿舍）的制造商，则倾向于使用基于不同自

动化水平的更先进的生产系统。

模块化单元的三种主要制造系统形式在这里被称为静态、线性和半自动线性生产。

17.2.1　静态生产

静态生产是指在一个位置制造模块，然后将材料、服务和人员运到模块上。如果钢制模块由钢制角柱和边梁组成，这些线性钢构件在不同的位置制造，并作为第一道工序进行组装。同样，轻钢墙壁、地板和顶棚也可以单独或离线生产。静态生产的典型阶段如图17.1和图17.2所示。模块的几何形状必须通过人工方法精确控制，尽管通常使用钢架夹具来控制墙体垂直放置的精确度。

模块周围必须有足够的空间来临时存放材料和预制构件，如窗户，这些构件可以用手或行车吊装到位。施工进度受所需时间内执行特定任务的可用人员的控制。因此，这个过程可能相对缓慢，相对的，在工程管理中关键路径不是完成任何单一任务。完工后，模块由桥式起重机吊起，然后暂时存放

图17.1　用热轧钢和轻钢构件预制钢地板和顶棚（Caledonian Modular公司提供）

图17.2 模块化设备的静态生产（Caledonian Modular公司提供）

或运往现场。

通常情况下，在一个大型厂房内，同一时间可能有多达30个模块正在建造中。一个模块从组装到完工的周期一般为3~7d，其中包括喷漆和干燥时间等。这种安排表明，平均生产率为每天4~6个模块，每年可生产800~1200个模块，且订单之间的停机时间不长。

在静态生产中，生产和通道空间平均应为模块尺寸的4~5倍，这相当于一次生产20~30个模块的工厂空间约为5000m²。桥式起重机的高度至少应为8m，以保证模块及其吊架的间隙，并能将一个模块吊到另一个模块之上，以便将完成的单元从工厂车间移到临时储物间或运送到现场。

17.2.2 流水线生产

流水线生产是指生产过程是按顺序进行的，由若干个离散的独立阶段组成，类似于汽车生产过程。

如图17.3所示，通过使用工装夹具实现

面板的几何精度。单个板块用石膏板铺设，基层板使用气动销等专业紧固件固定。

模块可以在固定轨道或手推车上制造，并在工位之间移动。每个工位都有若干与之相关的生产小组或工种，并在工厂车间内有指定区域。这种生产方式与静态生产方式的关键区别在于，模块在专用工位之间移动的，而非生产小组在不同模块之间来回移动。

生产阶段的数量取决于空间和产量，但一般来说，每个阶段都会反映明确的操作，如石膏板、浴室安装、装饰等。在设计设施时，应考虑每个阶段所需的时间。模块的设计应避免瓶颈，并平衡生产线上每个阶段的"停留时间"。模块的设计还应反映出生产线的顺序性，以便与任何特定工位相关的所有任务都能在一次操作中完成。在尺寸允许的情况下，模块通常由电动车或类似车辆、机动手推车或人工在滚轮轨道上移动。

材料和部件零散大量存放在使用阶段的旁边。这些材料和部件通常通过一条与生产

图17.3　生产中轻钢面板的组装（Unite Modular Solutions公司提供）

线平行的宽阔通道运送。如果生产速度慢，可以增派工作团队，并且使用合同工来完成专业性不强的任务也比较常见。通常情况下，二三条或四条分段式生产线并行运作，并可共用相同的材料处理和储存区域。工厂空间本身相对较长（通常60～100m），每条生产线（不包括额外的材料储存区）有12～15m宽的区域。

产出率反映了生产线的规模和复杂程度，不过一个拥有四条生产线的工厂，若每天每条生产线生产3个模块，相当于每年最多生产3000个模块。生产率可与向现场的交付相匹配，但可能需要临时的外部或内部存储，以最大限度地提高产量，满足高峰需求。

较晚的设计变更往往会导致生产流程中断，从而在更换夹具或订购材料时造成延误。此外，在使用新部件或对产品进行重大修改后，生产线很少能以最高效率运行。因此，应避免在设计"冻结"或"签核"后进行修改，因为这样做可能会导致成本增加。不过，模块的制造可以与现场施工同时进行，而且模块通常可以"刚好"运抵现场。

17.2.3　半自动化流水线生产

模块化生产的现代半自动化工厂与非自动化生产线基于相同的传统流水线生产原则，但往往有更多的专用工序。通常情况下，自动化工厂有单独的生产线，用于生产墙板、顶棚和楼板，因为轻钢结构的工厂通常为每种板材都配备了冷弯成型机。

自动化流水线通常包括门窗洞口的制作设施（通常通过组装预制组件来实现），以及隔热材料和内置设施的安装，如电缆和电信。一般来说，自动化生产线并不包括浴室装修和家具安装的自动化系统。整体卫浴通常是离线预制或从外部采购而来。家具一般较难实现自动化，往往成为后续操作。因此，半自动化生产线往往由一系列需要专用设备的高度自动化操作和一系列相对传统的手动操作组成。

板材生产线的生产速度需与生产周期末期的手工操作相匹配。板材生产可以通过使用车床或蝶式折叠工作台进行优化，这种工作台可以从两侧对板材进行加工。特殊设备阶段可能包括喷漆和强制干燥。

这些设备的设计生产率为每20分钟一个模块或每天最多生产30个模块。这相当于每年大约6000个模块的生产力。然而，对于学生宿舍等领域来说，生产需求往往是周期性的，甚至是季节性的。因此，实际预期产量往往较低，约为理论产能的50%~65%。通常情况下，能容纳一条半自动生产线、材料储物间和办公空间的典型厂房面积为10000m²。

生产速度往往超过运往建筑项目工地的交付速度，因此需要临时储存模块。如果室内有足够的存放空间，则按常规方式对模块进行保护，然而，若存放在室外，则需要采取特殊保护，以抵御风吹雨淋和潮湿空气带来的不利影响。模块通常临时堆放成两组或三组，然后用起重机按照特定项目所需的顺序吊装到货车上。

17.3　面板生产自动化

工厂生产的资本成本取决于所采用的机械化和自动化程度。与这些固定资本成本相对的是，由于采用了更高效的生产技术、更合理的材料订购和使用方式、更高的质量水平以及与时间相关的成本节约。这些经济效益将在第18章中探讨。半自动化生产线的工厂化运作效率，据说为同等现场施工效率的3倍。

先进的数控机床和集成软件（CAD/CAM）的出现在一定程度上推动了模块化建筑的发展。在计算机辅助设计（CAD）系统上开发的设计，可以智能地相互配合，生成计算机辅助制造（CAM）生产数据。

许多处理木框架或轻钢框架的现代化生产设施都拥有高度自动化的框架装配系统。虽然这些系统的设计各不相同，但它们通常由一系列工位组成，每个工位以生产线的形式依次排列，专门用于特定的装配操作。

就木材而言，库存是切割好的型材，而就钢材而言，型材通常是在工厂内用宽度合适的钢带轧制而成，或者是从外部制造商那里引进的冷弯型材。小型冷弯塑形机通常用于模块化生产。CAD/CAM机械设备可确保将型材切割成正确的长度，并预先打好螺孔和服务设施，以便于组装。板材重量在60~200kg，长度在5~10m。产量因辊型成压设备而异，每小时约20~30m不等。

图17.4展示了现代生产设备的一种典型形式，可利用辅助生产预制组件、保温材料和设备输送到这些设备中。大多数生产线都围绕着三个关键要素：装框站、工作台和装配站、车床。这些阶段的操作说明如下。

17.3.1　框架站

用于生产墙壁、顶棚和地板板材的框架站一般为手动或半自动。手动工位需要手工放入C型钢和"轨道"（图17.3和图17.5）。通常情况下，顶部和底部轨道会预先标记好，并在工作站内移动，而墙壁的C型钢则在移动过程中引入。在自动化系统中（图17.6），

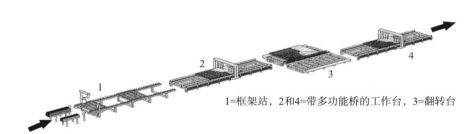

1=框架站，2和4=带多功能桥的工作台，3=翻转台

图17.4　墙壁和顶棚半自动化生产线示例

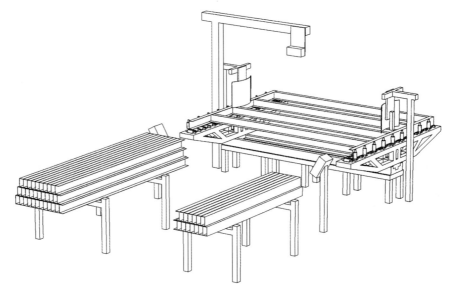

图17.5 轻钢框架板的手动装框站

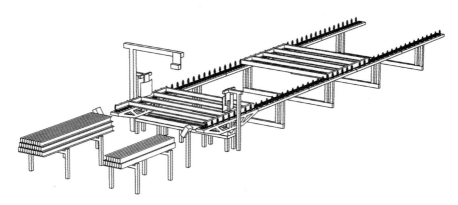

图17.6 半自动装框站

C型钢将由送料机自动定位。面板在工位上逐步移动，C型钢被定位并固定。C型钢之间的连接通常是在每个面板的静态位置用钉子或铆钉固定。

这种基本方法非常适合松散的木框架，只需在轨道之间放置墙骨即可。在轻钢结构面板中，C型钢嵌套在上下轨道的开口腹板中。通常情况下，与木材一样，轻钢结构板也是相对于固定桥移动的。自动化系统尤其适用于大型板材的生产，通常长10m。

其他类型的机器包括简单的平面工作台，人工或自动放置的C型钢被排列好并钉接（有时会同时安装护板），但工件是固定不动的。

在需要门窗或其他开口的地方，可以采用预制组件来框出开口。这些组件通常在专用生产区离线生产，并根据需要自动运送到主装配线。

框架组装工位后通常有固定基层板的工作台（图17.7）。这些工作台可能配有钉子或螺丝装置，安装在架空桥（有时称为多功能桥）上，用于将护板固定在轻钢C型钢上。

如果需要在基层板上开窗或开门，则必须对墙骨架或C型钢进行布置（通过局部改

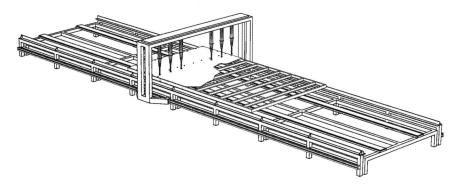

图17.7 带有基层板钉桥的工作台

变C型钢的间距或引入子组件）。桥上的锯子或刨子装置可以在基层板上切割出适当的孔洞。

17.3.2 转台

翻转工作台一般由两个相邻的台子组成，当面板支撑在一个台子上时，两个台子围绕面板的一条长边以垂直弧线旋转和提升面板，然后将面板轻轻地翻转到相邻的台子上，相邻的台子在这一点上也大致垂直。然后第二个工作台降低面板，使原来在下面的面现在在上面。这个过程如图17.8所示。通过露出面板的开口面，转台可将保温材料和电线等装入基层板后面。然后，面板可以进入第二个工作台，在那里可以固定石膏板衬里或其他材料，以封闭面板。在生产线的末端，特殊机械可将板材堆放在一起，或将板材转移到装配区。

在某些系统中，升降桥自动导向最终工作站。这包括起重夹具，可将面板单个或成堆地吊到辊床上。

从这里开始，一叠叠板材被转移到组装区，在这里地板、顶棚和墙板被组装成一个三维模块。在墙壁、顶棚和屋顶板有单独生产线的系统中，生产线通常会在这里总装。

面板标识非常重要，而且标识必须易于获取。代码或条形码通常与质量控制文件结合使用，该文件对检查要求和检查历史等方面进行了归类。

面板通常使用桥式起重机或其他专业起重设备手工组装成模块。面板可以使用多种方法连接，但通常是从外部进行固定（轻钢通常使用螺栓连接或自攻螺钉和托架），这样就能使面板与面板之间的连接更加牢固。可以使用先进的测量设备，来确保模块的直角精度和良好的整体几何控制。

17.3.3 装修收尾作业

根据生产的复杂程度，模块在一系列后续工作站中进行维修和精加工。对于每天生产10个以上模块的先进生产流程，可能需要25～30个工作站；而对于每天生产2～4个模块的生产，精加工操作所需的工作站较少，实际上，静态生产可能更可取。通常情况下，喷漆是一项机械化任务，但首次安装设施则劳动强度更大，可能需要更长的时间。

Mullen（2011年）指出，对于用于住房的木结构模块，如果每天生产10个模块，则需要约14000m²的工厂总面积，而如果每天生产2～4个模块，则需要的工厂总面积将减少到约5000m²，说明较高的产量需要更多的工作站。

模块在完工后很少会在工厂存放很多天，因此在工地需要之前，必须对其进行临时存放。

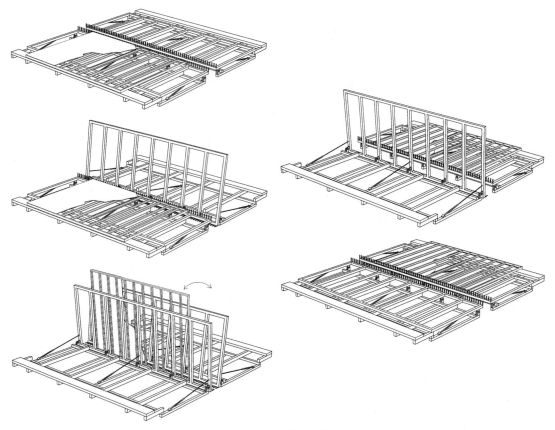

图17.8 转台加工步骤

17.4 现场工厂

对于大型项目，可以在项目附近的仓库或类似的大型规划建筑中建立现场工厂。如果有合适的桥式起重机，一般采取静态生产的形式。现场工厂的生产过程可以采用由专业技工操作的常规建筑施工技术。

该设施应靠近项目（如16km以内），并应便于模块和材料的运送。项目现场工厂的最佳最小规模往往在200~400个模块之间，这样可以租用空间6个月左右。预计这个临时工厂每天可生产2~3个成品模块。由于现场的平均安装率可能是生产率的2倍，因此需要预制和临时储存。

17.5 预制混凝土模块的生产

17.5.1 制造工艺

混凝土模块在模具或模板中浇筑，钢筋固定到位。如图17.9所示，混凝土模块通常采用开放式底座，以便整体浇筑墙壁和顶棚。顶棚则是上面模块的地板。模块的墙壁可以下凹，以支撑平面楼板，如走廊处的楼板。

浇筑完成后，顶面的混凝土将被抹平并覆盖，同时进行养护。混凝土通常会在一夜之间获得足够的早期强度，以便从模具中取出存放。顶面可能需要进一步"动力浮法（动力浮动直升机）"，以达到所需的平整度。

图17.9　使用自密实混凝土从顶部浇筑组合单元
（Tarmac Precast Ltd.提供）

17.5.2　设计协调

无论采用何种材料，模块从下单到交付之间的前置时间都很重要，但定制或复杂的预制混凝土模块可能需要更长的生产时间，因为它们需要额外的时间进行详细设计和特殊模具或模板生产。

预制模块制造商绘制的图纸显示了固定件、贯穿件、浇筑件、开口和起吊点的位置，以及预留空隙的位置和大小。不过，在最终确定设计之前，与更广泛的项目团队进行协调至关重要，尤其是在服务、围护和地基方面。

17.5.3　自密实混凝土的使用

自密实混凝土（SCC）具有优异的流动性，不会产生离析，因此可以实现自密实。如果设计和浇筑得当，它还能提供缺陷更少、更加稳定和优质的成品。使用自密实混凝土的另一个好处是，在浇筑后进行浇筑和修整所需的人工更少。

目前，英国、美国和欧洲的大多数预制混凝土厂都已改用SCC，但在传统的现浇建筑中，SCC的使用还比较少。预制混凝土生产商拥有自己的现场配料厂，因此能够充分利用钢筋混凝土的所有优点，如更高的质量、更快的浇筑速度和更少的劳动力。

标准SCC混合料规格通常在不到24h后即可达到26～28N/mm²的立方体强度。

17.5.4　浇筑工艺

浇筑前，钢筋要固定在模具中，而且必须固定牢靠，因为新拌混凝土的浇筑力会使钢筋移位。其他固定装置，如管道、电线和导管、固定插座（用于内部附件）、箱盖、门窗框等也必须固定。

在这一阶段，要准确地固定模块。通常会在模块上浇筑吊装附件，以便用起重机将模块吊出模具，通常是在浇筑后的第二天早上。

在生产标准预制构件时，混凝土被浇筑到清洁和涂油的钢模中，钢模的尺寸精度最大为±3mm（图17.10）。建筑围护通常使用木料或玻璃纤维模具浇筑，以获得所需的表面光洁度。振动器可夹在模板上，根据填充模具的尺寸和重量调整到正确的振动，以确保模具中混凝土的均匀压实。有时会使用手持式振捣器来确保混凝土填满模板的所有区域，尤其是在拐角处。

图17.10　预制模块化监狱单元被移至仓库
（Precast Cellular Structures Ltd.提供）

17.5.5　混凝土围护

由于结合了高质量的模板、SCC的使用以及在受控内部环境中始终如一的施工工艺，预制混凝土一般都能达到高质量的围护

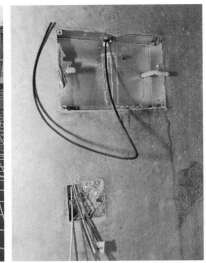

（a）在浇筑前放置在顶板中；　　　　　　　　　（b）在浇筑和脱模后安装线路

图17.11　在混凝土预制构件中浇筑的电气设备（Tarmac公司提供）

效果（图17.11）。根据《BS8110（1997）》标准，预制混凝土应达到B级围护。如果需要，也可采用C级围护，但成本可能会更高。

除了指定使用C级围护外，还可以使用合适的油漆或薄涂石膏。还可以使用其他系统，例如腻子，它可以代替石膏抹灰，而且成本效益更高。如果需要在墙的两面都做高质量的围护，则应垂直浇筑，使两面都能浇筑在模板上。

如图17.12所示，预制混凝土围护有多种低维护和耐用的建筑围护可供选择，包括自围护和各种应用材料。不过，由于模块式混

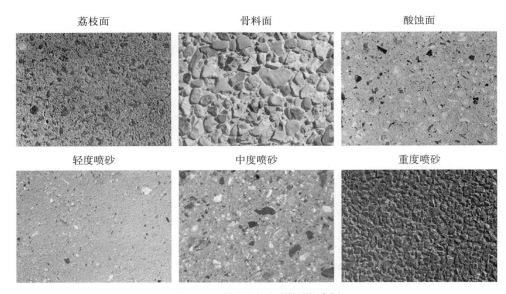

图17.12　外露混凝土建筑围护实例

资料来源：Courtesy of Concrete Centre, *Precast Concrete in Civil Engineering*, Report TCC/03/31, London, UK, 2007.

凝土预制构件是整体浇筑的，因此适用的围护范围比其他预制构件要少得多。

模块化预制构件通常采用未处理的浇筑面，但也可以在其外表面粘贴围护砖、瓷砖或石材围护，如花岗石、石灰石和板岩等。石材围护的厚度通常为30~50mm。这种围护常用于酒店，可大大加快施工时间。在内部，围护的质量足够光滑，可以直接使用油漆或纸围护。如果表面不够光滑，则需要涂上一层灰泥。裸露的混凝土表面也非常耐用和耐磨，为安全或高价值住所的分隔墙提供了高水平的安全性。

17.5.6　找平层

预制混凝土模块通常会使用找平层，但通常只在模块与走廊相连的地方以及每个单元的入口处使用。如果可能，应避免使用找平层，对模块地面的混凝土进行围护处理，使其适合铺设最终的地板或墙面。在安装整体卫浴时，更常使用找平层，以便使整体地面水平达到浴室地面的水平。粘结找平层的最小厚度应为25mm。当在指定找平层时，还应考虑其他标准，如干燥时间、防滑性、耐磨性和抗冲击性、地面上的交通类型、外观和维护以及要铺设的地面材料类型。

17.6　气候保护

模块由"透气"保护罩进行全天候保护，防止进水，但允许水蒸气通过。图17.13就是一个很好的例子。它可在储存、运输和安装过程中提供保护。安装时，罩布会被剪掉，并在门窗处贴上胶带，但罩布仍会留在原处。

可以在护罩中为吊装支架留出空隙，也可以用螺栓将支架穿过护罩。模块由钢架吊起，钢架要定期进行负载测试，额定负载至少是模块成品重量的两倍。有关吊装系统的指导见第16章。

单个模块用低拖车运输，在某些情况下，受宽度和长度限制以及进出/转弯限制，可以运送两个模块。

图17.13　模块周围的透气保护罩，以便运送到工地（Unite Modular Solutions公司提供）

参考文献

British Standards Institution. (1997). *Structural use of concrete. Part 1. Code of practice for design and construction*. BS 8110.

Concrete Centre. (2007). *Precast concrete in civil engineering*. Report TCC/03/31, London, UK.

Mehotra, M., Syal, M.G., and Hastak, M. (2005). Manufactured housing production layout design. *Journal of Architectural Engineering*, American Society of Civil Engineers, vol. 11, no. 1, 25–34.

Mullen, M.A. (2011). *Factory design for modular home building*. Constructability Press, Winter Park, FL.

Senghore, M., Hastak, T., Abdelhamid, S., AbuHammad, A., and Syal, M.G. (2004). Production process for manufactured housing. *Journal of Construction Engineering and Management*, American Society of Civil Engineers, vol. 30, no. 5, 708–718.

第18章

模块化建筑的经济性

本章介绍了使用模块化建筑的经济学原理。主要的经济效益是加快施工进度产生的，但提前完工的经济价值则视具体的业务运营情况、现金流减少和收益增加的可能性而定。对于连锁酒店或限时作业（如大学或学校）来说，这一点很容易量化，但对于向投机市场销售房屋的私人房屋建筑商来说，经济效益可能就不那么明显了。

Buildoffsite（2009年）就采购流程出台了一份与本讨论相关可行的指南，即《一份指南使您的模块化建筑更独特：价值最大化和风险最小化》（*Your Guide to Specifying Modular Buildings: Maximising Value and Minimising Risk*）。

18.1 现场施工与非现场施工制造

Davis Langdon和Everest（2004年）确定了非现场制造成本模型中的重要因素，这些因素指的是永久性生产设备的额外支出，缓慢的、有效地平衡有形支出所投入的劳动力以及大多数传统建筑中的场地浪费。非现场制造模块化系统的经济效益来自以下方面：

- 生产经济规模（取决于产量）；
- 减少材料使用，降低损耗和处置成本；
- 提高生产效率，减少现场工作，从而节省单位建筑面积的人工成本；
- 提高质量，从而降低"滞后"或返工成本；
- 节省工地基础设施和施工过程管理费用（称为工地前期费用）；
- 节省外部咨询费，因为大部分详细设计由模块供应商提供；
- 由于现场完工周期短，客户和主承包商可获得经济效益。

大多数模块化建筑项目都有一部分现场工程（整个项目价值的30%~50%通常在现场完成）。图18.1列出了类似的多层住宅项目（无论是现场密集型建筑还是模块化建筑）的大致费用分项。在解释成本分析时，从最近的项目中可以看出以下几点：

- 由于采用了场外生产工艺，可以更有效地按特定项目的正确尺寸批量订购材料，并减少对现场的破坏，从而减少了材料的使用和浪费，这可以使材料用量大幅减少20%；
- 现场工作人员的总人数减少到现场施工所需人数的一半左右，现场工作人员主要负责地基工程、外围护结构和建筑非模块部分的服务；
- 工厂人员、出厂成本、材料和间接成本往往占竣工建筑价值的50%~60%，其中工厂运营成本可占模块出厂成本的30%；
- 用起重机吊装模块，现场的运输和其他设备成本也会大大降低，因为材料的多次运送和设备成本都降到了最低；

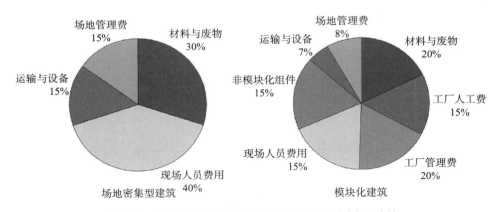

图18.1　现场密集型和模块化建造多层住宅楼的成本细目比较

信息来源：National Audit Office, *Using Modern Methods of Construction to Build More Homes Quickly and Efficiently*, 2005.

- 工地间接费用和管理费用（前期费用）的减少至少与整个施工计划成正比，在模块化建筑项目中，工地前期费用预计将从通常占建筑成本的15%，降至7% ~ 8%。

Mullen（2011年）在《模块化住宅工厂设计》（*Factory Design for Modular Home Building*）一书中，介绍了美国单户住宅所用木模块的成本明细。他指出，材料成本占45% ~ 50%，工厂管理费用占35% ~ 45%，而劳动力成本平均仅占16%，这反映了这种标准化模块建筑的高度机械化性质相对较少。在美国，这些房屋的现场装修需要大量的人力。他还指出，每个模块的面积（50 ~ 60m²）比大多数欧洲体系的模块要大，工厂每年生产1000个模块，生产一个模块大约需要250个工时。这相当于每平方米建筑面积平均生产5个工时。

关于现代和混合建筑系统经济效益的背景数据，可参考英国国家审计署（NAO）的一份报告：《使用现代建筑方法更快更有效地建造房屋（2005年）》[*Using Modern Methods of Construction to Build More Homes Quickly and Efficiently*（2005）]。尽管在该报告发布时，模块化系统被认为与更传统的现场施工方法具有相似的竣工成本，但报告中指出，由于施工速度快，可节省7% ~ 8%的成本。报告还认为，在大型项目中，或在一系列类似项目中采用标准化模块时，成本会降低。

18.2　生产经济学

非现场制造（OSM）技术的经济性，特别是模块化建筑，需要大量生产相对大型的部件，其材料、尺寸和布局都要批量生产。同时还需要对工厂生产、设计开发、产品测试和认证等基础设施进行资本投资，以及固定工厂设施的管理费用。

OSM的投资成本包括如下：

- 生产设备和基础设施；
- 工厂运营成本，包括租金、供暖和照明成本；
- 生产过程中的技术人员成本；
- CAD/CAM设施和培训；
- 仓储和配送设施；
- 生产停工。

建设生产模块化单元的现代自动化工厂可能需要500万～1000万英镑的投资，这些成本必须在5～10年的投资回收期内摊销，预计年产量为1500～2000个单元。客户指定的各种模块化解决方案和多变的建筑市场增加了实现生产规模经济的复杂性。相比之下，一条新的汽车生产线的投资通常高达5亿英镑，但一个成功的汽车模型通常年产量超过50000辆，生产周期为7～10年。

相较于这些固定资本成本，更先进的模块制造工艺大大提高了生产效率，与现场施工相比，大幅减少了材料的处理、使用和浪费。制造模块质量的提高也节省了现场检验和返工。

一个典型的模块化生产设施需要投资500万英镑，每年运行成本100万英镑。假定需要2年时间才能全面投产，5年内每年生产1000个模块。因此，每个生产单元的总投资成本约为2000英镑。对于一个建筑面积为30m²的模块来说，这相当于一个典型模块出厂成本的10%～15%。这是一笔不小的投资，必须与其他有形的节余相平衡，这些节余将在下一节中列出。

尽管模块供应商倾向于使用类似的模块设计和材料，但由于行业和客户需求差异，不同项目在模块化设计和制造方面会有显著不同。因此，模块化系统的几何形状和装配组件应具有灵活性，但基本框架和制造工艺应适用于各种项目。

一个年产量为1000～1500个模块的工厂可细分为10～20个单个项目，这意味着设计和管理工作以及成本取决于项目的数量而不是模块的数量。一个典型的模块化酒店由50～100个单元组成，而一所学校可能只有6～20个单元。学生宿舍一般规模较大，可由100～500个模块组成。

考虑到100个模块的项目规模的中位数，

因此与此项目相关的设计和安装成本将计入模块的生产成本。在这种规模的项目中，设计和管理成本约占模块出厂成本的10%。模块供应商将为特定建筑中的所有模块绘制施工图和生产信息，这通常还包括围护、屋顶和维修。这些费用应与传统项目中建筑师和其他顾问费的减少相平衡（见后文）。

18.3　降低材料成本，提高生产率

材料成本占模块出厂成本的30%～35%（如果模块单元占总成本的60%，则占建筑总成本的20%左右）。尽管模块化建筑方法需要一个坚固的结构系统用于运输和吊装，但材料成本却低于同等的非模块化建筑。材料使用的节省主要来自根据特定项目的尺寸和数量更精确地订购材料。因此，大大减少了木板的损耗和损坏。模块化建筑在材料使用和浪费方面的节余可高达现场建筑材料使用总量的15%。据估算，材料使用效率的提高相当于总体建筑成本节省3%～4%。

工厂生产的生产率优势导致劳动力成本降低，尽管制造商必须支付生产中的停工期，以及直接雇用生产和设计团队的固定人员成本。很难确定在工厂和工地采用类似施工技术所能带来的确切生产率效益。此外，工厂人员和同等工地工人的相对成本率取决于工厂和工地的位置。

据估计，就某一项目100个模块的中位生产量而言，在工厂条件下完成建筑工地上的同类任务，生产率可提高2倍。对于大型项目，生产率可提高3倍。这不会直接转化为劳动力成本的等效节省，但与同等的现场施工相比，生产率的节省估计约为从工厂交付模块成本的10%。

18.4　模块化建筑中现场施工的比例

即使是高度模块化的项目，也有相当一部分工作是在现场进行的，包括模块的安装和非模块组件的建造。这部分工程占项目总成本的30%～50%，包括基础和地面工程、混凝土核心筒和楼梯、围护、屋顶、中央服务设施安装、装修和装饰、景观工程和外部基础设施等项目。NAO的《英国国家审计报告》（*The National Audit Report*）（2005年）指出，完全模块化建筑的现场工程通常可细分为地基（5%）、现场服务（8%）、围护和屋顶（10%）以及围护工程（7%），占建筑总成本的比例。

一般来说，模块化建筑公司会尽量减少现场活动的数量，但"并行开展（即同时进行）"设计和制造模块的能力，以及辅助工程和地面工程等项目，在尽量减少施工计划方面是有优势的。在一个特定项目中，劳动力投入量可能会被认为与现场作业量成比例增加。

电梯和楼梯也可以模块化组件的形式生产，但除非模块化制造商与专业供应商建立了密切的合作关系，否则这些部件通常都是在现场建造的。

表18.1汇总了NAO的报告（2005年）中关于各种建筑方法相对性能的数据。报告指出，使用模块化建筑可能节省的情况如下：就一栋砖砌建筑而言，如果砌砖工人要在工地上工作44天来建造一栋传统建筑，那么他们只需在工地上工作20天来建造一栋类似的模块建筑的外墙。部分原因是墙的内侧就是模块本身。搭建脚手架的时间将从11周减少至6周，从而节约了成本。此外，使用附着在模块单元上的轻质围护，而不是砖砌墙体，也将大大减少对工地的要求。

如表18.2所示，不同预制水平的现场劳动活动大幅减少。根据NAO的报告数据显示，完全模块化建筑的总体现场劳动力仅为砖块建筑的26%。

风险管理是使用场外制造系统的一个主要特点，表18.3根据NAO的报告对此进行了总结。从根本上说，在项目的早期阶段，必须将模块化建筑的关键设计完成，因为后期的设计变更很难在项目开始时考虑到，这意味着模块供应商要更多地参与设计过程。报告认为，就客户在这一阶段改变设计而言，具有很大风险，但这必须与施工过程中风险的减少以及模块化系统质量和使用性能的提高相平衡。

			不同预制水平系统的关键时间和成本因素比较	表18.1
标准	传统砖/砌块建筑	面板（2D）结构	混合面板和模块化结构	完全模块化结构
总施工期	100%	75%	70%	40%
创建全天候围护结构的时间	100%	55%	50%	20%
现场劳动力需求（比例）	100%	80%	70%	25%
现场砌砖天数占比	100%	45%	45%	45%
占现场材料总成本的比例	65%	55%	45%	15%
现场劳动力成本占总成本的比例	35%	25%	20%	10%
占场外制造总成本的比例	0%	20%	35%	75%

资料来源：National Audit Office, *Using Modern Methods of Construction to Build More Homes Quickly and Efficiently*, 2005.

采用各种方法建造的典型排屋的现场劳动天数（括号内为节省的天数）　表18.2

系统	基础	结构和墙壁	围护	服务	总计
传统砖砌和砌块结构	26	93	116	27	262
面板构造（2D）	26	58（35）	103（13）	26（1）	207
混合面板和模块系统	26	40（55）	108（8）	23（4）	196
全模块化系统	26	29（64）	13（105）	0（27）	68

资料来源：National Audit Office, *Using Modern Methods of Construction to Build More Homes Quickly and Efficiently*, 2005.

各种建筑形式的预期风险汇总表　表18.3

过程阶段	风险描述	砖和砌块	开放式面板	混合动力	模块化
规划	无法预测的规划决策			○	○
施工前	逾期指定供应商		○	●	●
施工前	制造部件可能缺乏标准化		○	●	●
细节设计	下订单后更改设计		○	●	●
施工中	地基不准确影响安装		○	●	●
施工中	现场组件可能与制造组件不兼容			○	●
施工中	质量和精度问题	○			
施工中	施工期间的价格波动	●			
施工中	恶劣天气造成的延误	●	○		
施工中	现场缺乏行业技能	●	○		
施工中	服务安装保障	●	○		
施工中	健康和安全隐患	●	○		
使用阶段	竣工工程不符合规格	●	○		
使用阶段	移交时或责任期内的缺陷	●	○		

资料来源：National Audit Office, *Using Modern Methods of Construction to Build More Homes Quickly and Efficiently*, 2005.
注：●=高风险，○=中等风险。

18.5 运输和安装费用

在英国，运距为150英里的交通费用为500~800英镑。但是，如果在运往现场之前在服务区过夜，或者因模块较宽，需要额外通知或警察护送，则需支付额外费用（见第16章）。

现场安装通常需要一台100t或200t的起重机，每天的租金高达1000英镑。起重机的大小取决于起吊半径，因为即使是200t的起重机，在最大伸展时也只能起吊其自身重量的一小部分。平均每天的安装速度约为6~8个模块，在夏季可以达到10~12个模块的安装速度。

因此，每个模块的运输和安装成本合计可能高达800英镑，对于一个建筑面积为30m²的模块而言，约为25英镑/m²。这相当于模块出厂价的4%，或单位建筑面积建筑总造价的2%。显然，模块越大，相对运输成本就越低。两个较小的模块可以用一辆卡车运输。

18.6 施工速度的经济性

18.6.1 节省工地前期费用

在工地密集型建筑工程中，工地前期工作可能占总成本的12%～15%，并考虑到以下因素：

- 管理费用（与管理活动所需人员有关）；
- 场地小屋和其他设施（数量和租期）；
- 主要承包商用于材料搬运和储存的设备和起重机（为安装模块而租用的起重机通常是模块包的一部分）；
- 施工时间和计划（与上述人员和租赁费用以及现金流直接相关）。

由于减少了工地人员数量（从而减少了所需的费用和设施），缩短了工期（与工地密集型建筑相比，缩短30%～50%），从而节省费用。根据对工地管理费用以及工地用房和设备租赁费用的估算，完全模块化建筑的工地初期费用可能占建筑总成本的7%～8%，与现场密集型建筑项目相比，可节省5%～8%。

18.6.2 安装速度

建造速度的优势是各类模块化系统所固有的，可以认为：

- 降低借贷资本的利息支出；
- 提前启动客户的业务，从而提前获得业务收入或租金收入；
- 减少对当地或现有企业的干扰，主要是由于缩短了建设时间、减少了交付和现场操作。

这些与业务相关的好处显然会受到业务类型的影响，因为对于时间有限或施工过程的干扰可以量化的项目来说，提前完工的价值可能不同。教育建筑通常必须在一年中的某个特定时间准备施工，因此竣工时间往往是选择模块化建筑的一个因素。医院在扩建现有设施时，也会考虑使用模块化建筑来减少干扰和噪声。

除了根据客户的业务运营情况降低风险外，还可以通过节省1%～2%的成本来减少缺陷或改进质量控制。模块化系统的背景测试还可以优化性能，消除设计和制造过程中的浪费，从而提高效率。

18.6.3 节省现金流

Rogan（1998年）对住房轻钢结构进行了评估，结果表明，投资的早期回报是由于现金流和资本占用的减少。这项研究后来（2000年）扩展到模块化建筑的价值和效益评估。由于整个施工计划缩短了6个月，减少了利息支出，从而带来的有形收益可达建筑成本的2%～3%。

根据计算，对于一家中型酒店来说，如果能在施工计划中节省1个月的时间，其收入就相当于建筑成本的1%。因此，如果采用模块化建筑，施工计划缩短4个月，就相当于节省了4%的建筑成本。这往往是一家酒店决定采用模块化建造的决定因素。

18.7 节省设计费用

与模块设计及其与建筑其他部分的衔接相关的管理费用由模块供应商承担。设计包括结构设计、服务布局、细部设计、三维计算机建模、生产信息等。模块供应商生成的信息可纳入客户的建筑信息管理系统，并用于与建筑的其他部分集成。

设计和生产成本取决于特定项目所需模块的不同能力。即使是一个相对简单的项目，也可能包括4~12种不同的模块配置（包括左侧和右侧模块）。在一个由100个模块组成的典型项目中，可预留模块出厂价的10%，以支付内部设计和管理费用。除非在其他项目中重复使用相同或类似的建筑类型，否则对于较小的模块建筑来说，这一数字将大大增加。

由于大部分设计工作由模块供应商完成，外部顾问的费用从传统设计和招标项目的6%~8%，降至3%或4%。但是客户的项目建筑师仍负责建筑设计的整体协调，而客户的结构和服务顾问则负责建筑的非模块化部分。

18.8 相对于现场施工

模块化建筑和传统现场建筑的相对成本应分为与开发成本有关的成本和影响建筑的成本。客户希望节省咨询费，并从提前完工节省的资金中获益，而主承包商则可从减少现场成本和降低场外制造风险中获益。这些节省的费用可以用来比较其他的施工方法，并且这尤其取决于项目的规模和客户的业务类型。

NAO的报告（2005年）指出，由于这些因素，使用模块化建筑所节省的资金总额通常为竣工成本的5.5%。麦格劳-希尔建筑公司（2011年）对施工过程中的预制化和模块化调查显示，预制比例较高的项目平均可节省约7.5%，尽管这包括一系列预制系统。

在总造价相近的情况下，使用模块化系统所节省的费用可归纳如表18.4所示。

对比模块化建筑
可节约成本比例　　　　　　　　表18.4

模块化建筑的优势	与现场密集型建筑相比，可节约成本
场地预选	5%~8%
客户的顾问费	3%~4%
卡钉减少量	1%~2%
施工速度快，节省资金	2%~5%
节约总额占建筑总成本的比例	11%~19%

参考文献

Buildoffsite. (2009). Your guide to specifying modular buildings: Maximising value and minimising risk. www.Build offsite.com.

Davis Langdon and Everest (now Aecom). (2004). Cost model of off-site manufacture. *Building*, 42.

McGraw Hill Construction. (2011). *Prefabrication and modularisation—Increasing productivity in construction*. SmartMarket report.

Mullen, M.A. (2011). *Factory design for modular home building*. Constructability Press, Winter Park, FL.

National Audit Office. (2005). *Using modern methods of construction to build more homes quickly and efficiently*.

Rogan, A.L. (1998). *Building design using cold formed steel sections—Value and benefit assessment of light steel framing in housing*. Steel Construction Institute P260.

Rogan, A.L, Lawson, R.M., and Bates-Brkjak, N. (2000). *Value and benefits assessment of modular construction*. Steel Construction Institute, Ascot, UK.

第19章

模块化建筑的可持续性

在建筑规划的背景下，可持续性通过环境、社会和经济绩效的各种衡量标准进行量化。在英国，办公建筑和公共建筑采用BREEAM进行评价，住房和住宅建筑则根据《英国可持续住宅规范》（CfSH，2010年）进行评价。其他国家也有类似的可持续发展评价程序，如美国的能源与环境设计先锋奖（LEED）。

《BS EN ISO 14001》（2004年）提出了环境管理体系的总体要求。PAS 2050（2011年）将此方法应用于制成品的环境影响和温室气体排放，其与其他国际公认的碳足迹方法兼容。

本章回顾了模块化建筑（OSM）的特点，这些特点有助于从最广泛的意义上提高可持续性。此外，本章还讨论了含碳量和生命周期评估（LCAs）。

19.1　场外制造对可持续发展的益处

模块化建筑中的OSM工艺实现了许多可持续发展方面的优势，这些优势来自更高效的制造和施工过程、高层建筑竣工后的使用性能，以及建筑寿命结束后再利用的潜力。OSM的可持续性优势可以通过与模块化建筑的施工过程和使用性能相关的主要性能指标来体现。表19.1列出了这些指标（基于

模块化系统场外制造在施工过程和使用性能方面的可持续性优势	表19.1
非现场制造作为一种施工工艺的可持续性优势	非现场制造在使用性能方面的可持续性优势
1. 社会 减少现场和生产事故； 更有保障的就业和培训； 改善工厂的工作条件； 减少通往工地的交通流量； 减少施工期间的噪声和干扰	1. 社会 密封的双叶结构提高了隔声效果； 提高成品质量和可靠性； 模块供应商的未来联络点； 模块化建筑可根据需求变化进行扩展或调整
2. 环境 减少污染，包括交通、灰尘、噪声和挥发性有机化合物 (VOC)； 减少现场和生产过程中的材料浪费； 更多地回收材料和使用回收含量更高的材料	2. 环境 通过改善气密性和安装隔热材料，提高能源利用率，从而减少二氧化碳排放； 可再生能源技术可在现场建造和测试； 模块化建筑可以"密封"，以防氡等气体，并可在棕地使用
3. 经济 更快的施工计划； 减少场地前期费用； 减少停工和返工； 生产规模经济降低了制造成本； 提高现场生产率； 减去场地基础设施和租用费	3. 经济 通过使用可再生能源系统等方式节省能源开支； 使用寿命更长，避免出现使用中的问题，如开裂； 降低维护成本； 模块化建筑可以扩展和改造； 如果模块被重复使用，其资产价值就能得到保持

Buildoffsite，2014年）。全模块化建筑提供了最高水平的场外制造（见第1章），因此可能带来最高的可持续发展效益。

模块化单元在设计寿命结束时也有很大的剩余价值，现在已有大量模块被改装后重新用于其他地方的案例。在使用性能方面的可持续性优势可转化为BREEAM或《英国可持续住宅规范》。

19.2　可持续住宅规范

《英国可持续住宅规范》的评价程序以一系列环境标准为基础，通过加权，并获得一定比例的可用积分。分数是综合计算的，但必须在能源/二氧化碳、节水和材料资源等方面达到最低分数，才能获得总体评级。规范3级是《建筑规范》（2010年）英国对住房项目能源标准的默认要求。规范6级被称为零碳标准，要求广泛使用现场可再生能源技术。

表19.2列出了每个评估类别的可用评分和权重。住宅排放效率的最低减排量与《建筑规范》（2010年）L部分相关联。每个类别所需的评分见表19.3。但是，能源和水类别需要达到最低标准。

《英国可持续住宅规范》的可用积分　表19.2

类别	可用积分	占总数的百分比
1. 能源和二氧化碳	29	36.4%
2. 水	6	9%
3. 材料	24	7.2%
4. 地表水径流	4	2.2%
5. 废物	7	6.4%
6. 污染	4	2.8%
7. 健康和福祉	12	14%
8. 管理层	9	10%
9. 生态学	6	12%

不同等级的《英国可持续住宅规范》评级　表19.3

代码等级		总分	最低减少 DER
1	(*)	36	10%
2	(**)	48	18%
3	(***)	57	25%
4	(****)	68	44%
5	(*****)	84	100%
6	(******)	90	零碳

注：DER为居住排放率。

模块化建设的可持续性评估是根据《英国可持续住宅规范》中环境标准相关的各种关键绩效指标提出的。这些标准如下：

19.2.1　能源和二氧化碳

在建筑的整个生命周期中，能源的主要用途是供暖（有时也包括制冷）和照明。通过使用"暖框架"结构，模块外部围护结构的U值可低于0.2W/（$m^2 \cdot K$），其中大部分隔热材料都置于模块外部。模块化建筑还可以设计和通过使用额外的薄膜和基层板，使其具有良好的气密性。

该规范没有涉及设计寿命期内材料中的含热量，而随着建筑运行能耗的降低，含热量可能会变得非常重要。含碳量是指材料生产过程中产生的二氧化碳当量，第17.6节对此进行了讨论。

19.2.2　材料

模块化建筑可根据所需尺寸和数量高效订购材料，从而提高材料利用率，减少浪费。英国建筑研究院（BRE）的《绿色规范指南》（2009年）根据各种因素衡量建筑系统对环境的影响，这些因素包括含碳量、废物、可回收成分等。评分标准从A*（最高）到E（最低）不等。模块化建筑中的轻质建筑构件符合A*、A或B级标准。

在材料使用方面，98%的钢材在初次使用后被回收利用，目前欧洲50%的钢材生产来自回收钢材（废钢）。没有任何结构钢被送往垃圾填埋场。就混凝土模块而言，与现浇建筑相比，工厂化的重复生产方式可确保混凝土模板的高效安置和重复使用。混凝土模块中使用的钢筋几乎100%由回收钢材制成。

如果使用轻型模块化单元，地基尺寸的节省会非常明显，这对于在棕地和贫瘠土地上进行建设非常重要。

此外，模块可重复使用，其资产价值得以保留。模块的翻新，使用寿命也会大大延长（见第8章）。

19.2.3 废物

现场施工中的废弃物有多种来源：

- 超量订购，以备不时之需；
- 损坏、破损和现场损耗；
- 因施工错误而返工。

根据BRE的数据，建筑行业现场材料浪费的平均比例为 10%，但这一比例会因不同材料而异（Smartwaste）。相比之下，模块化建筑在制造和安装过程中最大限度地减少了浪费。所有的边角料都会在工厂内完全回收利用。

WRAP开展了各种关于减少废物和废物回收利用的案例研究，其中包括一项关于在伦敦伍尔维奇军营重建中使用模块化建筑的研究（WRAP，2008年）。

在混凝土模块中，与现场混凝土相比，作为单一操作的一部分，混凝土的配料和浇筑损耗最小，因为现场混凝土是从预拌公司订购的，而预拌公司离工地可能有一段距离。通常情况下，现浇混凝土的订购量至少要高出 10%，以确保现场浇筑时有足够的供应量。Jaillon和Poon（2008年）在中国香港

进行的一项研究表明，平均而言，与现浇混凝土相比，预制混凝土面板和组件的生产可减少65%的建筑垃圾。

模块化结构还最大限度地减少了独立组件的包装，模块周围的防风雨护罩也保留在原位，有助于提供长期的耐用性。

19.2.4 水

轻钢和木制模块系统的建造在工厂和现场基本上都是"干式"作业。

在混凝土建筑中，混凝土模块的制造过程中也会用水，但由于工厂环境因素影响，用水量要少于现场浇筑混凝土的用水量。

19.2.5 污染

使用各种类型的模块化建筑系统时，现场产生的噪声、粉尘和有害气体要少得多。在高度预制的建筑系统中，与砖砌和砌块建筑相比，运往工地的材料可减少约70%，从而减少了运输量和当地的交通污染。

原材料按正确的数量和尺寸批量运送到模块厂，这比多次少量运送到现场更有效率。

19.2.6 管理层

现场管理通过"按时"交付的模块和尽量减少材料在现场的储存，得到了提升。安装团队技术娴熟、效率高、产量大。噪声和其他干扰源也降到了最低，这对施工的统筹非常重要。

如上所述，根据NAO的最近一份报告中的数据（见第18.4节），与更传统的建造方式相比，因建造活动而产生的工地交付和交通流量也有所减少。

此外，BIM系统的一个日益重要的部分是，模块化结构和布局的电子设计模型可供设计和施工团队的所有成员使用，并可由客户保留作为未来的记录。

19.2.7　性能改进

　　模块化单元坚固耐用，不易损坏。钢材和混凝土是不燃材料，不会增加火灾风险，可以实现高水平的隔声和隔热性能。预制混凝土还具有固有的热质量和安全性。通过在干燥的工厂条件下施工，可以减少收缩或现场长期移动的情况，而且通过在模块运抵现场前进行检查，在很大程度上消除了返场和回场的现象。镀锌型钢的耐久性已在现场试验中进行了评估，在暖框架应用中，大部分隔热材料都放在轻钢框架外，设计寿命超过100年（参见《SCI P262》；Lawson等人，2009年）。

19.2.8　适应性和生命终结

　　模块的开放式空间可以根据用户的要求进行装修和维修，模块建筑随后可以拆卸和重新使用。

　　混凝土模块非常坚固，可以通过化学锚栓或膨胀螺栓进行固定。开放式混凝土模块更具灵活性和适应性。模块的设计便于检修和更换非结构部件，如电气、管道和家具。

　　泰恩河畔纽卡斯尔（Newcastleupon-Tyne）的弗里曼医院（Freeman Hospital）培训中心项目是一个模块再利用实例。该项目由10个二手钢框架模块组成，这些模块经过回收和翻新，仅用了11周时间就交付使用。据称，使用翻新模块所产生的内含碳不到10%，使用量不到3%。与同等规模的现场施工建筑相比，施工期间的能耗更低。

19.2.9　社会责任

　　所有钢构件都印有项目名称、日期和构件编号，并可追溯其原始来源。所使用的镀锌钢管或热轧型钢都有环保产品证明，并确保其高强度特性，不会出现长期劣化。

　　模块制造和安装过程需要高水平的技能和培训，这为社会提供了大量的就业机会。

　　根据健康与安全管理局的数据，就可报告的事故数量而言，包括模块制造在内的工厂化流程比建筑流程安全5倍。模块化制造有助于营造一个清洁、安全的工作环境，并拥有良好的就业和培训历史。

　　此外，还避免了与高空作业相关的风险，从而提高了工人在现场的安全性。一项研究表明，与传统的现场混凝土施工相比，制造和安装预制混凝土的安全风险要低63%（Jaillon和Poon，2008年）。

　　模块化建筑与传统建筑工艺相比，现场噪声和干扰降到最低，因此在施工过程中不会对周边环境造成不利影响。

19.3　可持续性背景研究

　　为评估OSM在环境和可持续性方面的益处，已经开展了多项背景研究。在NAO的报告《利用现代建筑方法快速高效地建造更多房屋》中，调查的建筑系统类型包括二维板材、二维和三维混合建筑以及全三维建筑，并将它们与更传统的建筑进行了比较。

　　建筑竣工的一个关键指标是建造一个不受天气影响的围护结构所需的时间，对于全模块化建筑而言，这比传统的砖块和砌块建筑所需的时间缩短了20%。根据预制程度的不同，现场劳动时间（以及成本）可减少到传统建筑的25%～75%。

　　BRE SmartLife项目（Cartwright等人，2008年）比较了剑桥三个类似住宅开发项目的砖砌和砌块结构、轻钢结构、木结构和保温混凝土模板的现场生产率和材料浪费情况。结果表明，轻钢系统的建造速度最快，生产率最高，产生的废料最少，而成本却与传统建筑相当。显而易见，模块化建筑的优势会更大。

19.3.1 高层模块化建筑的可持续性评估

2009—2010年期间，对伍尔弗汉普顿的3栋分别为8层、9层和25层的住宅楼（见案例研究）进行了监测，以确定模块的安装速度、工地生产率（以每完成单位建筑面积的工人数量定义）、建筑构件和材料的主要交付次数以及产生的废弃物。图19.1展示了这座8层建筑的施工过程。这个建筑面积为25000m²的项目的总工期仅为15个月（从建地基开始计算），与同等的现浇混凝土项目相比，估计缩短了12个月。

在冬季，每周安装28～49个模块（平均每天7.5个）。在长达一年的施工期间，包括管理人员在内的现场人员平均为52人（其中5人负责现场管理），因此，每人每周完成的建筑面积约为18m²。据主要承包商估算，如果在现场用混凝土砌筑墙体，所需人员将超过100人，因此工地人员减少了约50%。工地人员主要负责混凝土平台、核心筒的施工，以及围护的安装。

每天运往工地的主要货物（不包括模块）平均为6个（或14个，包括模块的运送），与原地施工所需的大量混凝土和砌块的运送相比，减少了60%以上。送去处理的垃圾箱数量平均为每周两个，比现场施工减少95%以上。这为总承包商节省了大量的垃圾处理费用。

劳森（Lawson）等人（2012年）对这一大型住宅项目取得的可持续发展效益总结如下：

- 绩效概要；
- 每天安装7.5个模块，相当于190m²的建筑面积；
- 施工期缩短12个月（总体缩短40%）；
- 现场人员减少50%（在25000m²的项目中，平均连续雇用52名工人，包括5名现场管理人员）；
- 送去处理的工地废物减少95%以上；
- 向工地运送的货物减少60%。

图19.1 用于可持续性研究的伍尔弗汉普顿模块化住宅建筑

19.3.2 瑞典Open House模块系统的可持续性评估

瑞典钢结构研究所对名为Open House的住宅轻钢模块系统进行了可持续性评估，该体系已用于丹麦和瑞典南部的住宅开发项目（Birgersson，2004年；Lessing，2004年）。研究的建筑项目是在瑞典马尔默附近的Annestad建造1200套公寓，如图19.2所示。该研究（Widman，2004年）包括对以下可持续发展问题的评估：

- 材料使用和资源；
- 运行能耗和内含能量；
- 制造业和建筑业的废物和再循环；
- 施工效率和安全；
- 使用的灵活性和适应性；
- 异地制造工艺带来的社会效益。

Open House系统将在第10章和案例研究中介绍。所使用的材料与瑞典全国平均水平的现代住宅建筑相比，后者为混凝土结构，墙体为砌块填充墙。模块化公寓的主要结构部件重量为148kg/m²建筑面积，不包括外墙，其中钢材用量为41kg/m²（占总量的28%）。在瑞典，一栋典型住宅楼的材料重量约为982kg/m²（不包括外墙），是模块化系统的6倍多。研究发现，工厂生产一个设备齐全的开放式住宅模块大约需要65个人工日，即每平方米建筑面积大约需要15个工时。

这项研究还表明，在使用模块化建筑时，工地的浪费非常小，大部分废物都在工厂生产过程中得到了回收利用。此外，Open House系统的回收利用率为67kg/m²，相当于材料总用量的45%。相比之下，瑞典平均建筑的回收利用率约为49kg/m²，相当于所用材料重量的5%（不包括外墙）。

瑞典现代多层住宅建筑的全国平均运行能耗为160kW·h/m²，其中包括空间供暖、热水和照明。对Open House系统的运行测量表明，实际能耗为120kW·h/m²。因此，在50年的时间里，根据计算，Open House系统的运行能耗为6MW·h/m²，比参照建筑低25%。

图19.2 瑞典马尔默已完成的Open House项目

瑞典普通住宅建筑结构中主要部件的生产所产生的内含能源为333kW·h/m²（包括外墙），如果不包括外墙，则为245kW·h/m²。在50年的使用寿命中，这相当于供暖、照明等总运行能耗的3%。开放式房屋体系的计算能耗为215kW·h/m²（包括外墙）和178kW·h/m²（不包括外墙）。因此，使用模块化体系计算出的体现能源比瑞典全国平均参考建筑低28%。作为内含能耗计算的一部分，模块化建筑的建筑材料和场外构件的运输能耗为6kW·h/m²（不包括外墙），仅为参照建筑的三分之一。

19.4　体现能和体现碳的计算

越来越多的客户要求对已建成建筑进行内含能量和内含碳计算。有关内含能量和内含碳量的主要参考文献有巴斯大学的Hammond和Jones（2008年a）以及英国建筑学会（2011年）。表19.4列出了建筑物常用材料的数据。

建筑材料的内含能量和内含碳量　　　　　　表19.4

材料	典型密度（kg/m³）	含能量（MJ/kg）	含碳量（kgCO₂/kg）
砖块	1800	3	0.24
水泥砂浆	2200	1.3	0.22
混凝土结构	2400	1.0	0.15
混凝土（含粉煤灰）	2400	0.9	0.13
钢筋混凝土（1% rft）	2450	1.9	0.22
预制混凝土	2400	1.5	0.18
砂浆层（沙子和水泥）	1200	0.6	0.07
蒸压加气混凝土（AAC）砌块	600	3.5	0.28~0.37
混凝土砌块（中）	1400	0.59	0.063
混凝土砌块（重型）	2000	0.72	0.088
黏土砖	1600	6.5	0.48
钢（型钢）	7850	21.5	1.53
镀锌钢	7850	22.6	1.54
不锈钢	8000	56.7	6.15
加固	7850	17.4	1.4
胶合板	800	15	0.81
木次梁/框架	700	10	0.46
石膏板	850	6.75	0.39
定向刨花板（OSB）	850	15	0.6
矿棉	30~140	16.6	1.28
发泡聚苯乙烯（EPS）隔热材料	25	88.6	3.29
聚氨酯（PUR）隔热板	30	101	4.26
玻璃纤维	45	28	1.54
玻璃（4mm）	2500	15	0.91

资料来源：Hammond, G. P., and Jones, C. I: Hammond, G. P., and Jones, C. I., Inventory of Carbon and Energy (ICE), Version 1.6a, University of Bath, Bath, UK, 2008.

内含碳参数是建筑部件在各自材料的提取、提炼和制造过程中产生的二氧化碳当量，不包括建筑过程中的二氧化碳排放。可回收成分和报废时的回收利用可获得积分，但由于建筑使用和翻新的周期较长，报废时的价值要少得多。

表19.5列出了典型独立式住宅的内含能量和内含碳量的大致细分。混凝土底板和砖砌围护占总体现能的37%，占总体现碳的58%。Hammond和Jones指出，单户住宅的内含能中值体现能量为5200MJ/m²和360kgCO₂/m²的建筑面积，而4层住宅的建筑面积则增至480kgCO₂/m²。Sansom和Pope（2012年）引述了办公楼内含碳为450~480kgCO₂/m²的比较数据。

典型房屋的内含能量和内含碳量

表19.5

	能量 占总数的百分比	碳量 CO_2 占总数的百分比
混凝土和砖块	37%	58%
隔热材料	12%	7%
黏土砖	7%	5%
钢构件	6%	5%
木材构件	6%	3%
窗户和玻璃	5%	3%
塑料	3%	2%
石膏板和石膏	2%	2%
铜管和铜线	2%	2%
其他	20%	13%

资料来源：Hammond, G. P., and Jones, C. I., *Proceedings of the Institution of Civil Engineers: Energy*, 161(2), 87-98, 2008.

19.4.1　运输中的体现碳

表19.6列出了各种公路运输形式的内含碳量，具体取决于重型货车的类型和大小。这些数据由环境、农业和农村事务部（DEFRA）发布。

2008年英国的排放量是以货车及其载荷每吨重量每公里的kgCO₂表示的。据估计，在使用模块化建筑时，与现场密集型建筑相比，运往工地的货物数量可减少70%以上。此外，还减少了工地工人等的每日行程，而这些行程通常不计算在内含碳评估中。

公路货运重型卡车每吨公里二氧化碳排放系数

表19.6

车身类型	车辆总重	$kgCO_2/(t \cdot km)$
刚性	>3.5~7.5t	0.59
刚性	>7.5~17t	0.33
刚性	>17t	0.19
全刚性	英国平均水平	0.27
铰接式	>3.5~33t	0.16
铰接式	>33t	0.082
所有铰接式	英国平均水平	0.086
所有运输车辆	英国平均水平	0.132

19.4.2　内含碳研究

利用上述数据，对典型轻钢模块和带有开放式底座的预制混凝土模块的材料使用和体现碳进行了研究。模块长7.2m、宽3.6m（建筑面积26m²），设计用于4层住宅楼。由于不包括外墙、窗户、隔热层、围护、服务设施、内隔墙等常见结构，因此研究集中于模块的结构构造。C型钢和石膏板之间的矿棉隔热材料是包括轻钢模块的完工状态。混凝土模块假定为清水混凝土，外层为脱脂抹灰层。在这两种情况下，都需要额外的外部隔热材料来满足保温要求，但这些不考虑在评价范围内。

轻钢模块的数据和结果见表19.7。模块所用钢材总量约为1t，相当于每平方米楼板面积38kg。不含围护和服务设施的模块结构自重约为150kg/m²，成品重量估计约为300kg/m²。因此，一个完工模块的重量约

组件	总重量（kg）	含能量（MJ/kg）	含碳量（kgCO$_2$/kg）	总能量（MJ）	总碳量（kgCO$_2$）
墙壁和顶棚：100mm×1.6mmCs，中心距600mm	680	22.6	1.54	15370	1047
地板：200mm×1.6mmCs，中心距400mm	320	22.6	1.54	7230	493
OSB基层板	860	15	0.62	12900	533
石膏板（在墙壁和顶棚上铺两层15mm的石膏板）	1850	6.79	0.39	12560	721
C型钢之间的矿棉	250	16.6	1.28	4150	320
前往工地的交通（200km行程）	6500kg，包括围护	—	0.086kgCO$_2$/（t·km）	不包括	232
总计	3960kg		0.22	52.2GJ	3346kgCO$_2$
每平方米建筑面积总计	153kg/m²		0.18	2014MJ/m²	129kgCO$_2$/m²

轻钢模块单元结构中的材料总量和含碳量　表19.7

注：3.6m宽、7.2m长的模块数据。

为7t。据估计，包括运输在内的含碳量为129kg/m²楼面面积，相当于模块结构织物重量的84%。

表19.8列出了预制混凝土模块的数据和结果。不含围护和服务设施的模块自重为935kg/m²，预计成品重量约为1000kg/m²，是轻钢模块的4倍。因此，成品模块重约27t。含碳量为184kg/m²，比轻钢模块高42%，但只相当于混凝土模块重量的19%。

然而，轻钢模块材料的内含能源比混凝土模块高70%。这是由于生产轻钢组件所需的能源较高。在现代方法中，隐含碳是一个更好的衡量标准，因为它考虑到了材料生产过程中所用能源的碳强度。

运输中使用的隐含碳是假定模块从工厂到工地的行程为200km，空载重量为3.5t的

组件	总重量（kg）	含能量（MJ/kg）	含碳量（kgCO$_2$/kg）	总能量（MJ）	总碳量（kgCO$_2$）
墙壁125mm厚的混凝土板	15400	1.0	0.15	15400	2310
顶棚150mm厚的混凝土板	8400	1.0	0.15	8400	1260
所有墙壁两面均以200mm为中心安装T10钢筋	315	17.4	1.4	5480	441
顶棚两面200mm中心处的T12钢筋	125	17.4	1.4	2180	175
前往工地的交通（200km行程）	26800kg，包括围护	—	0.086kg CO$_2$/（t·km）	不包括	581
总计	24240kg			31.5GJ	476kgCO$_2$
每平方米建筑面积总计	935kg/m²			1214MJ/m²	18kgCO$_2$/m²

预制混凝土模块单元结构中的材料总量和含碳量　表19.8

注：3.6m宽、7.2m长的模块数据。

铰接式货车的回程也是200km。由此可见，运输过程中的内含碳占模块总重量的12%和轻钢模块的7%，因此在这些评估中，运输因素不可忽视。

这一评估不包括材料浪费和施工作业。现场施工过程的隐含碳一般约为所用材料的5%，而模块化建筑由于较少使用机械和设备，工地小屋以及每天往返工地的交通时间较少，隐含碳可被认为减少到2%～3%。提升和安装模块所需的能源相对较少。

从这项研究中可以得出结论，以单位建筑面积计算，轻钢结构模块的碳含量比混凝土模块低30%。这两种建筑方法的碳排放量都低于同等的现场建造，部分原因是材料浪费减少。更复杂的分析可能会考虑到外部隔热、围护和地基中的可变因素及其损耗率，以及两种建筑形式的共同组成部分。

案例研究41：伍尔弗汉普顿的25层学生宿舍

25层的A区正在建设中

8层大楼即将完工

　　Victoria Hall为伍尔弗汉普顿大学（University of Wolverhampton）采购了3栋多层学生宿舍，采用模块化结构建造。其中一栋高25层，是目前世界上最高的模块化建筑。模块由Vision公司制造，承包商是弗莱明（Fleming）公司。在9个月内共有820个模块安装完毕，从施工到交付使用仅用了15个月。

　　该项目位于伍尔弗汉普顿市中心以北的铁路干线旁。采用模块化结构减少了现场活动和材料储存，对该市中心项目的规划至关重要。A区南侧高25层，北侧高18层。模块在钢筋混凝土板上进行地面支撑。第三层、第七层、第十二层和第十八层的一侧向后退，形成一个悬臂与上面的楼层相连。悬臂由钢架支撑。

　　模块化结构的一个特点是使用了作为模块的一部分制造的整体走廊，这为模块组创建了一个防风雨罩。所有水平荷载都由模块在平面内传递，整体稳定性由混凝土核心筒提供。所有垂直荷载均由模块墙体承受。

　　模块的混凝土地面浇筑在150mm厚的PFC中，60×60的SHS支柱以600mm的中心构成承重墙。较大的RHS用于高层建筑的低层模块。该项目中的模块宽达4m，长达8m，包括一条1.1m宽的中央走廊。书房卧室一般宽2.5m，长6.7m，但公共区域宽达4.2m。

　　C区的模块安装工作于2008年10月开始，仅6周就完成了。B区的模块安装也用了6周时间。在A区，使用了一台半径为20m、载重量为30t的塔式起重机来安装模块，并将其固定在模块上以保持稳定。该区块的模块安装历时17周。

　　在模块的四角和两侧的中间位置都设置了水平拉杆。模块将所需的风力传递给钢筋混凝土核心筒内的钢板。下层的外围护结构采用地面支撑砖砌结构，上层则采用隔热帷幕、复合板和防雨金属板的混合物。轻质围护是利用连接在模块上的吊塔进行安装的。

参考文献

Building Regulations England and Wales. (2010). *Conservation of fuel and power*. Approved Document Part L. www.planningportal.gov.uk/buildingregulations/approveddocuments.

Building Research Establishment. (2009). *Green guide to specification*. www.bre.co.uk/greenguide.

Building Research Establishment Environmental Assessment Method (BREEAM). www.breeam.org.

Birgersson, B. (2004). *The Open House 3D modulus system*. SBI Report 229:3. Stålbyggnadsinstitutet, Stockholm.

British Standards Institution. (2004). *Environmental management*. BS EN ISO 14001.

British Standards Institution. (2011). *Specification for the assessment of the life cycle greenhouse gas emissions of goods and services*. PAS 2050.

Building Services Research and Information Association. (2011). *Embodied carbon—The inventory of carbon and energy (ICE)*.

Buildoffsite. (2013). Offsite construction: Sustainability characteristics. London, UK. http://www.buildoffsite.com.

Cartwright, P., Moulinier, E., Saran, T., Novakovic, O., and Fletcher, K. (2008). *Smart life—Lessons learned: Building research establishment*. BR 500.

Code for Sustainable Homes. (2010). Technical guidance. www.gov.uk/government/publications.

Department for Environment, Farming and Rural Affairs (DEFRA). (2008). *Guidelines to Defra's GHC conversion factors—Methodology for transport emission factors*. www.defra.gov.uk.

Hammond, G.P., and Jones, C.I. (2008a). *Inventory of carbon and energy (ICE)*. Version 1.6a. University of Bath, UK.

Hammond, G.P., and Jones, C.I. (2008b). Embodied energy and carbon in construction materials. *Proceedings of the Institution of Civil Engineers: Energy*, 161(2), 87–98.

Jaillon, L., and Poon, C.S. (2008). Sustainable construction aspects of using prefabrication in dense urban environment: A Hong Kong case study. *Construction Management and Economics*, 26(9), 953–966.

Lawson, R.M. (2007). Sustainability of steel in housing and residential buildings. The Steel Construction Institute, P370.

Lawson, R.M., Ogden, R.G., and Bergin, R. (2012). Application of modular construction in high-rise buildings. American Society of Civil Engineers. *Journal of Architectural Engineering*, 18(2), 148–154.

Lawson, R.M., Way, A., and Popo-ola, S.O. (2009). *Durability of light steel framing in residential buildings*. Steel Construction Institute P262.

Leadership in Energy and Environmental Design (LEED). www.usgbc.org.

Lessing, J. (2004). *Industrial production of apartments with steel frame. A study of the Open House System*. SBI Report 229:4. Stålbyggnadsinstitutet, Stockholm.

National Audit Office. (2005). *Using modern methods of construction to build more homes quickly and efficiently*.

Sansom, M.R., and Pope, R.J. (2012). A comparative embodied carbon assessment of commercial buildings. *The Structural Engineer*, October 2012, pp. 38–49.

Smartwaste. www.smartwaste.co.uk.

Widman, J. (2004). *Sustainability of modulus construction. Environmental study of the Open House steel system*. SBI Report 229:2. Stålbyggnadsinstitutet, Stockholm.

WRAP. (2008). Woolwich single living accommodation modernisation (SLAM) regeneration. www.wrap.org.uk.

致谢

本书由英国钢结构研究所和萨里大学工程与物理科学学院建筑系的马克·劳森教授、牛津布鲁克斯大学牛津可持续发展研究所的雷·奥格登教授和拉夫堡大学土木与建筑工程学院的克里斯·古迪尔博士共同编写。牛津布鲁克斯大学的Nick Walliman提供了有关教育和医疗建筑的背景资料和文本。

本书参考了英国钢结构研究所和活跃在模块化行业的各公司提供的信息。其他照片和案例研究信息由Caledonian Modular、Elements Europe、Futureform、Unite Modular Solutions、Yorkon和NEAPO等公司，以及Elliott Group慷慨提供。

特别感谢Maureen Williams，她负责打字；Sian Tempest负责绘制大量的图纸；牛津布鲁克斯大学、拉夫堡大学、萨里大学和英国钢结构研究所的团队提供了许多背景研究资料。特别感谢牛津布鲁克斯大学的Nick Walliman、Chris Kendrick、Franco Cheung和Nick Whitehouse的专业指导。HTA建筑事务所的Rory Bergin慷慨地提供了高层模块化建筑的图纸。Futureform公司的Steve Barrett、Bridges Communications公司的Joanne Bridges、Design Buro公司（前Unite Modular Solutions公司）的Mike Braband，以及NEAPO公司的Tiina Turpeinen提供了一些案例研究方面的信息。